中公新書 1726

井上尚英著

生物兵器と化学兵器

種類・威力・防御法

中央公論新社刊

目次

第三章 化学兵器各論

第五章　生物兵器各論……145

第一章　身近なテロの脅威——化学兵器・生物兵器

イラク戦争

一九七二年の生物兵器禁止条約以降も、イラクは生物兵器の開発に積極的に取り組み、生物兵器のみならず核兵器さらには化学兵器の開発にも深く手を染めてきた。イスラム圏の盟主として、フセイン大統領は自国の産出する豊富な石油資源をもとに、アメリカやソ連と肩を並べる軍事大国をめざした。ソ連や欧米から戦闘機、ミサイルや通常兵器を大量に購入した。イラクは小国であるにもかかわらず、国内各地に核兵器工場のみならず、化学兵器や生物兵器工場を建設しだした。これは、あくまでも農薬工場を建設し、拡充するという名目でなされたのである。イラクの生物兵器研究施設の中には、生物兵器の実験工場やバイオテクノロジー工場までもできていた。

一九八〇年から始まったイラン－イラク戦争では、総兵力や軍事力の面ではイランより劣勢であったにもかかわらず、化学兵器を大量に投入し、イラクの危機を乗り切ることができた。この化学兵器の使用は、イランの軍隊のみならず一般市民、さらにはイラク国内の反体制派のクルド人の戦意を著しく低下させた。とくに化学兵器の投入効果は、戦況の不利を回復するうえできわめて効果的であり、イラクを救ったのは化学兵器にほかならないとフセインは確信を抱いたのである。こうしてフセインは化学・生物兵器を重視し、膨大な戦費をその開発と生産に投入していった。

一九九〇年のクウェート侵攻によって勃発した湾岸戦争では、イラクは通常兵器のみならず化学・生物兵器を使用する意図があったようだ。石油資源の確保をめざしてクウェートに侵攻したイラク軍に対して、多国籍軍はミサイルなどの圧倒的な火力によってすばやく攻撃し、フセインのもくろみはあえなく潰えてしまった。

この戦争当初、多国籍軍は、大量に保有しているといわれる化学兵器をイラクが使用するのではないかと大いに危惧し、最前線につく兵士たちには、どんな化学兵器で攻撃されても十分な防御対策をとれるような対策がとられていた。そのため多国籍軍は、空爆やミサイルによるピンポイント攻撃で化学兵器関連施設を一つ一つしらみつぶしにたたいていった。ただし、生物兵器関連施設については、攻撃によって生物兵器が拡散する可能性が重視されたため、攻撃目標は慎重に選ばれたという。イラク自身は、生物兵器の開発を否定し続けた。

イラクのクウェート侵攻とそれに続く湾岸戦争のあと、戦争終結時に交わされた終戦協定には、イラクに核兵器の入手や開発を禁じるほかに、長距離ミサイルと、化学・生物兵器のすべてを破壊・撤去・無害化することが強く要求された。一九九一年四月に、国連安全保障理事会によって採択された国連安保理決議６８７によって、イラクの保有する大量破壊兵器を廃棄し削減するための監視委員会、United Nations Special Commission、略称ＵＮＳＣ

OM（国連大量破壊兵器廃棄特別委員会）が設立され、イラクに査察が入ることとなった。ここでいう大量破壊兵器とは、核兵器、化学兵器、それに生物兵器である。その結果、イラクは大量破壊兵器の廃棄を迫られることとなった。しかし、イラクにとって大量破壊兵器を保持し続けることは、イスラエルのみならずアメリカなどの大国に対して大きな力と脅威をもち続けることになる。したがって、化学兵器や生物兵器を温存することにあらゆる努力を惜しまなかったのである。このような状況のもとでは、UNSCOMによる査察はなかなか思うようにはかどらなかった。

それでもUNSCOMの徹底した捜査で、イラクも一九九五年になって炭疽（たんそ）菌兵器の開発の事実を認めざるをえなかった。UNSCOMは、イラクが炭疽菌八五〇〇リットル、ボツリヌス菌毒素一万九〇〇〇リットル、アフラトキシン二二〇〇リットルなどを製造・兵器化していたことを示す文書を発見した。その他は保有していないということで押し通された。その後、イラク政府は、査察に対しては誠意をもって対処したというものの、UNSCOMにいわせるとさまざまな妨害を受け続けたという。イラクが大量の化学・生物兵器を開発・保有していたことは周知の事実であった（図1）。イラクで実際に調査にあたっていたUNSCOMの委員スコット・リッターによると、イラクは化学兵器としては、サリン、タブン、VXを製造していた。生物兵器としては、スラリー（懸濁（けんだく）液）状の炭疽菌やボツリヌス菌を大量に製造し、この二つを兵器化し、ミサイル弾頭や砲弾に装塡（そうてん）していた。これが事実であれば、イスラエルなどの周辺諸国に大いに脅威となりうるし、他の国々への拡散の問題も生じる。

図１　イラクの技術員が細菌と細菌毒の混合物をミサイルに入れるところ（米国国防総省提供．杜祖健教授のご好意による．A. T. Tu，井上尚英『化学・生物兵器概論』じほう，2001より）

一九九五年八月七日、思いがけない事件が発生した。フセイン大統領の娘婿（むこ）、フセイン・カメル将軍がヨルダンに亡命した。彼は、じつはイラクの大量破壊兵器開発の実務的な責任者であった。この亡命によって、イラクが大量の生物兵器を開発していたことが暴露されたのである。それによるとイラクは、炭疽菌やボツリヌス菌毒素のほか、ウイルスや真菌さらには毒素リシンも製造していたことが判明した。驚くべきことは、それらが兵器化までされていたのである。イラクがクウェートに侵攻した一九九〇年の一二月までに、病原体を充填した空爆用の砲弾一六六発が製造されていた。そのうち一〇〇発はボツリヌス菌毒素を、五〇発は炭疽菌を、一六発はアフラトキシンを充填したものであった。さらに、長距離ミサイルであるアル・フセインの生物戦用特殊弾頭二五発も製造されており、そのうちの一三発にはボツリヌス菌毒素が、一〇発には炭疽菌が、二発にはアフラトキシンが充填された。湾岸戦争が始まる直前の一九九一年一月にはこれらの兵器は国内の四ヵ所に分散されて配備された。UNSCOMの調査報告によると、湾岸戦争中、フセインはかりにバグダッドが核攻撃を受けた場合、化学・生物兵器で報復する権限を軍部に与えていたのである。こうしてかなりのことが明らかになったのだが、肝腎の化学・生物兵器はなかなか見つからなかった。一九九八年一〇月にイラクは、UNSCOM査察団を国外に追放した。

　アメリカのブッシュ大統領とイギリスのブレア首相は、フセイン大統領に大量破壊兵器の完全廃棄を強く迫った。ブッシュ大統領としては、大量破壊兵器の完全廃棄よりも、本音はイラクのフセイン独裁体制を潰してしまうことが主な狙いであった。イラクのフセイン大統領もある程度妥協する態度を示した。しかし、大量破壊兵器の完全廃棄を求めるアメリカやイギリスの政府を満足させるものではなかった。

　こうして二〇〇三年三月二九日、日本時間午前三時過ぎにアメリカ軍はバグダッドの近郊に空爆を開始した。イラク軍も対空砲火で応戦した。イラク戦争が始まったのである。「大量破壊兵器の完全廃棄」を求めるという大義名分の前代未聞の戦争が始まったのだった。一つの国の化学・生物兵器の保有がこれほどまでに大きな話題となり、注目を浴びたことはいまだかつてない。化学・生物兵器を保有している国は決して少なくないからである。

化学兵器の定義

化学兵器の定義やその言葉の使用はさまざまである。国によっても異なるし、専門家によっても意見がわかれている。

一九六九年八月に国連が公刊したウ・タント国連事務総長報告書『化学・細菌（生物）兵器とその使用の影響』によると、「戦争用の化学剤とは、ガス状、液体または固体状であることを問わず、ヒト、動物、植物に対する直接的な毒作用があるために使用されることのある化学物質（chemical agents）をさすものとする」とされている。

一方、イギリス国防省によると、「化学剤とは、病理学的・生理学的影響を通して、ヒトを殺すか、高度の障害を与えるか、あるいは無力化するために軍事目的で使用される化学物質」と定義されている。暴動鎮圧剤、除草剤、発煙剤、火炎などは、この定義からはずれることになる。しかし、催涙ガスのような暴動鎮圧剤は、近年ゲリラを掃討するために、とくにかれらの隠れ家に閃光(せんこう)を当て、ガスでおびき出すのに広く使用されるようになっている。また、除草剤も、敵が潜伏する地域を潰すために森や茂みを落葉させる目的で長い間使用されてきた。発煙剤は、戦時においても平時においても野外演習に使用されてきたが、物、乗り物、戦車、船舶が燃えたときに発生する煙には、呼吸器を傷害する肺剤となるようなものも含まれている。

後述の化学兵器禁止条約には、化学兵器の定義と基準について詳しく規定されているので、ここに重要な部分について紹介する。

1 「化学兵器」とは、次のものをあわせたもの、または次のものを個別的にいう。

(a) 毒性化学物質およびその前駆物質。

(b) 弾薬類および装置であって、その使用の結果放出されることになる(a)に規定する毒性化学物質の毒性によって、死その他の害を引き起こすように特別に設計されたもの。

(c) (b)に規定する弾薬類および装置の使用に直接関連して使用するように特別に設計された装置。

2 「毒性化学物質」とは、生命活動に対する化学作用により、ヒトまたは動物に対し、死、一時的に機能を著しく害する状態または恒久的な害を引き起こしうる化学物質をいう。

3 「前駆物質」とは、毒性化学物質の生産のいずれかの段階で関与する化学反応体をいうものとし、二成分または多成分の化学系の必須成分をいう。

4 「二成分または多成分の化学系の必須成分」とは、最終生成物の毒性を決定するうえで最も重要な役割を果たし、かつ、二成分または多成分の化学系の中で他の化学物質と速やかに反応する前駆物質をいう。

とされている。

以上、化学兵器の定義についての公式見解を紹介してきたが、内容の面で基本的に大きく異なることはない。ただ軍事的に使用した場合、ヒトや動物に対して有害な作用を有する個々の化学物質をかつては化学剤と呼ぶ傾向がみられ、実際には、それをそのまま化学兵器と呼ぶことが多かった。

化学兵器については、これまでの習慣で、その内容により、神経剤、びらん剤、肺剤、暴動鎮圧剤、無能力化剤、血液剤に分類されてきた。ただ「暴動鎮圧剤」の場合は、人間の感覚に対する刺激または行動を困難にする身体への効果を速やかに引き起こすが、その効果が短時間で消失するようなものは、化学兵器から除外されている。これらは催涙剤が主であり、警察や治安維持部隊により使用される一方、護身用のスプレーとして市場で入手できるようになっている。

これまでは化学剤を充填した各種砲弾、爆弾、ロケット、ミサイルを化学兵器と総称することが多く、化学剤をこのような兵器に詰めることを兵器化という。しかし、地下鉄サリン事件でビニール袋に入ったサリンが傘の先で突かれて流れ出て被害を及ぼしたように、化学剤を充塡物に入れる必要性はないわけである。

また、化学兵器は、一般には「毒ガス」といわれているが、この中で、常温で気体であるのは、シアン化水素、塩素やホスゲンであり、サリンなどは液体を蒸発させて曝露（ばくろ）するし、イペリット（マスタードガス）も同様である。VXは揮発しにくい液体であるので、オウム真理教のグループが行なったように、そのまま注射器でふりかけるか、空中でミサイルや爆弾を爆発させてエアロゾルにして散布する。無能力化剤のほとんどは固体である。

化学兵器の定義のところに出てくる「二成分兵器」（「バイナリー兵器」ともいう）についてすこし説明しておくことが必要である。この二成分兵器が本格的に研究対象となってきたのは、一九八六年、レーガンが大統領に就任してから化学兵器の再生産の開始にむけて予算が組まれてからのことである。実際に完成した化学兵器、とりわけ神経剤は輸送や持ち運びに危険であること、長期保存が困難であることなどの問題があるし、そのもの自体の存在が認められると化学兵器を保有していることを認めざるをえない。こうした難問をクリアするのに考案されたのがこの二成分兵器なのである。これは、いざ攻撃に使用するとき、たとえば砲弾やミサイルが発射される際の衝撃で、二種類または三種類の前駆物質となる化学物質が混合されてはじめて、有毒な化学兵器が合成されるという仕組みになっている。

ハーグ宣言

化学兵器の生産や使用を規制しようという動きは、すでに一九世紀末から始まっていた。この件で最初となったのが、ハーグ宣言である。

この宣言は、一八九九年七月二九日にオランダのハーグで調印され、一九〇〇年九月三日に批准された。この宣言の正式な名称は、「窒息せしむべきガスまたは有毒質のガスを散布するを唯一の目的とする投射物の使用を各自に禁止する宣言」である。この宣言には加盟国が少ないという点と、ガスの放射またはガスの投射を禁止しているがそれを生産し保有することにまで踏み込んでいないという点に、大きな抜け道があった。それでも、化学兵器禁止にむけての動きが国際的に出てきた点は、ある程度評価してよい。

化学兵器に関するジュネーブ議定書

化学・生物兵器が戦場で使われないようにすることは、世界人類の希望するところである。そのために化学兵器の使用を禁止する「ジュネーブ議定書」が一九二五年に締結された。

これは、窒息性ガス、毒性ガスまたはこれらに類するガスおよび細菌学的方法を戦争に使用することを禁止する議定書である。この議定書は、有毒ガス自体の使用を禁止したもので、ハーグ宣言よりもさらに踏み込んだものといえる。それでも、この議定書では、生産や保有については禁止条項が盛り込まれていない点で、まだ不十分である。ただ画期的なのは、細菌学的手段の戦争における使用の禁止が新たに加わっていることである。日本は一九二五年六月一七日に署名した。

しかし、この議定書に調印した国でも、平気で違反して使う国が出てきた。たとえば、日中戦争での日本軍の毒ガスの使用、イタリア－エチオピア戦争（一九三五～三六）でのイタリア軍の毒ガス使用、イエメンの内戦（一九六二～七〇）に介入したエジプト軍の毒ガスの使用、またイラン－イラク戦争での、イラク軍によるマスタードガス（イペリット）の大量使用である。こうした事実から、使用を単に禁止するだけでは不十分であるという考えが生まれてきた。

化学兵器禁止条約

こうしてできたのが「化学兵器禁止条約（CWC）」である。この条約の正式名は、「化学兵器の開発、生産、貯蔵及び使用の禁止並びに廃棄に関する条約」である。この条約では、化学兵器の開発・生産・取得・貯蔵・移転・使用がすべて禁止されることになる。条約は一九九三年一月一三日に署名され、一九九七年四月二九日に発効した。二〇〇三年三月現在、CWCへの締約国（調印国と批准国）は一三五ヵ国である。しかし調印しながら未批准の国が五六ヵ国もある。この条約では、すべての締約国に対して、その国の化学兵器および化学兵器生産施設を破壊するように要求している。

条約はその実施のために、化学兵器禁止機構（OPCW）を設置した。さらに特記すべきことは、条約に違反の疑いのある施設に対して、受け入れ国の承認を得ずに査察を行なうというチャレンジ査察（申し立てによる査察）という、前例のないほど踏み込んだ査察措置を備えていることである。この条約は、化学兵器の使用を禁止するのみならず、さらにいろいろな禁止措置を加え、化学兵器を徹底的に消滅させようという強い意志のあらわれでもあった。前述のように多くの国々がこの条約に参加しているが、北朝鮮（朝鮮民主主義人民共和国）、中東諸国やアフリカ諸国を中心に未加盟国が残っている。

さらに、保有してきた化学兵器をすべて全面的に廃棄処分することも決まった。日本政府も中国に残している推定七〇万発ともいわれる化学兵器を、CWCにもとづき二〇〇七年までに処分しなければならないことになっており、日本からも専門家や自衛官を派遣し、実際に二〇〇〇年から中国東北部（旧満州）に残してきた化学兵器の回収と廃棄を日中合同で始めているが、これまでに回収できたのは、まだ全体の一割に達していない。また中国に遺棄された毒ガスによる死傷者に対して国家賠償を命ずる東京地裁判決が二〇〇三年九月に出た。

この化学兵器禁止条約へのアメリカの対応を、生物化学兵器の専門家であるアメリカ、コロラド州立大学の杜祖健（A.T.Tu）教授は、「湾岸戦争で自信をえたアメリカは、通常兵器だけでも勝利できると考え、化学兵器を率先して廃棄することに決めた。アメリカの本当の狙いは、化学兵器禁止条約を楯として、化学兵器をつくっている国に強引に生産をやめさせようというものだ」とし、次のように述べている。

「しかし、米国の議会は化学兵器禁止条約を拒否した。米国では議会が承認し大統領がサインしてはじめて法律となる。議会が承認しないので、米国は化学兵器禁止条約に参加しても、米国の法律上、条約は無効となる。議会が反対した理由は、化学兵器の生産、貯蔵の査察法があいまいなので、ロシア、中国その他の発展途上国が隠すことができると思ったためである。肝心な米国が承認しないなら、ロシア、中国や他の国も承認するはずがない。

この条約は、内容としては一九二五年の条約よりよい条約であるが、実施上あまり有効とはならないかもしれない。また、米国の議会が承認を拒否したもう一つの理由は、米国の化学工業を保護するためである。たとえば、条約にしたがえば、毒ガス前駆物質は輸出禁止となる。（中略）これは米国の化学会社にとって大きな損失となる。また、条約を忠実に守れば、米国の化学会社がどういう化学薬品を造っているかを報告する義務が生ずる。これには

米国の関連会社はみな大反対であった。つまり、企業の秘密が保たれなくなるおそれがあったためである」（杜・井上、二〇〇一）

生物兵器の定義

さきのウ・タント国連事務総長の報告書によると、「戦争用の細菌（生物）剤は、性質が何であれ、生きた微生物またはそれに由来する感染物質である。このものは、人、動物または植物に病気を起こしたり、これを殺したりすることを目的とするものであり、これが効果を及ぼすには攻撃の的になった人体、動物、植物の中で増殖することが必要なものである。いろいろの生きている微生物（たとえばリケッチア、ウイルス、真菌）も細菌と同様に兵器として使用できる。戦争状態のもとでは、これらはすべて一般に〝細菌兵器〟と認められる。しかし一点のあいまいさも残さないために、すべての型の生物戦を包含するように、本書では終始〝細菌（生物）兵器〟という言葉を使うようにした」とある。

また、後述の「生物毒素兵器禁止条約」にも、それぞれ細菌兵器（生物兵器）および毒素兵器と明文化してあり、個々の病原微生物や毒素の名称を付けた兵器としてさしつかえない。本来は、ヒトを殺すか、短時間または長時間にわたってヒトを無力化させるか、穀物などに損害を及ぼし経済的に大きな影響を与える意図をもって軍事的に使用される種々の病原微生物または動植物から抽出された毒素をいうようであった。この生物剤を充填した各種砲弾、爆弾、ロケット、ミサイルを総称して生物兵器と呼ぶこともある。しかしスヴェルドロフスク事件のように炭疽菌芽胞が漏れだして起こることもあり、二〇〇一年にアメリカで起こった炭疽菌事件のように郵便物が運搬手段となることもわかってきた。

以上より、戦争やテロに使用される病原微生物や毒素を生物剤と呼ぶこともあるが、現在では、それらの各々を生物兵器と呼ぶことが一般的となっているので、本書でもそのような呼び方をすることとする。

生物兵器に関するジュネーブ議定書

さきに述べたように生物兵器禁止条約の先駆けとなっているのが、ジュネーブ議定書である。ただし、これに関しては具体的な内容は盛り込まれていない。しかし、この議定書をさらに強化・補強したのが、次の生物毒素兵器禁止条約である。

生物毒素兵器禁止条約

生物兵器については、一九七二年にジュネーブで開催された国際会議で「生物毒素兵器禁止条約（BWC）」が締結された。この条約は、正式には「細菌兵器（生物兵器）及び毒素兵器の開発、生産、及び貯蔵の禁止並びに廃棄に関する条約」である。一九二五年にジュネーブで署名されたジュネーブ議定書が、毒ガスおよび細菌学的方法の戦争での使用禁止を宣言しているが、これをさらに強化するために、一九六八年以来ジュネーブ軍縮委員会（現軍縮会議）が生物兵器と化学兵器の軍縮条約案作成に取りかかった。しかし、アメリカやソ連などが生物兵器の軍事的使用を化学兵器ほど重視していなかったことや、化学兵器が複雑な検証問題を抱えていることなどから、生物兵器についてのみ一九七二年に条約が成立し、一九七五年三月に発効した。

この条約によって細菌（生物）および毒素兵器の開発・生産・取得・貯蔵・移転・使用が禁止されることになった。アメリカはすでに一九六九年に、大統領の指令により生物兵器は一方的に廃棄したとされている。一九九八年七月一日現在、BWCへの参加国（調印国と批准国）は一四〇ヵ国にものぼっているが、調印しながら批准していない国が一八ヵ国ある。このBWCには、検証規定がないことに大きな問題がある。それでもこの条約の存在によって生物兵器の戦争での使用は一応公式には制約を受けるようになるので、実戦での使用を厳しくするものとなった。

近年、アメリカ政府が一番心配しているのは、化学兵器によるテロよりも、むしろ生物兵器によるテロである。生物兵器が厄介なのは、使われそうな種類がきわめて多いことである。

またその検出は、化学兵器よりもはるかに時間がかかる。

生物テロ事件

アメリカで病原微生物を使った生物テロ事件として、ラジニーシ事件が有名である。一九八四年九月下旬に、カルト集団「ラジニーシ教団」がオレゴン州はダーレス町のあるレストランで、サラダバーの一つに意図的にネズミチフス菌を混入した。これによって、七五一名が腸炎を発症し、四五名が入院した。最初、これは食中毒と考えられていたが、約一年後にこの教団のメンバーの一人の自供により、それが生物テロであることが明らかにされた。このテロは、微生物関係の研究所に勤務したものであれば、一〇〇ドルほどでもできるという点が大きな問題なのである。

日本では、オウム真理教が、教団「厚生省」大臣、遠藤誠一を中心として、炭疽菌やボツリヌス菌、Q熱リケッチアなどを培養していた。一九九三年六月には、東京の亀戸(かめいど)にあった「新東京総本部」ビルから炭疽菌を散布したといわれている。これを知ったアメリカ疾病管理センター(CDC)や軍などは、早速治療法を関連施設に配布したとされている。またオウム真理教は、一九九五年三月には地下鉄霞ヶ関駅で噴霧器を使ってボツリヌス菌をまいていたことなどが信者の供述で明らかになった。しかし、実際には被害者が出ていないことから刑法での立件は困難であり、捜査も打ち切られたため、詳細は不明のままである。

この日本で起きた一連の生物テロ事件は、米国民に大きな衝撃を与えた。この事件以降、アメリカでは、生物テロを装った恐喝事件が頻発するようになった。FBIによると、アメリカでは九七年以降、炭疽菌が入っているという脅迫の手紙や小包みが医療機関などに送られる件数が急速に増えていった。こうした事態を重視したクリントン前大統領は、生物兵器を緊急の対策をとるべき重要課題として取り上げており、CDCや軍などは治療法や予防策を繰り返し公表してきたのである。

二〇〇一年九月に起きたニューヨークでの同時多発テロの悲劇から一ヵ月もたたないうちに、アメリカの中枢部で相次いで炭疽菌テロが発覚した。ワシントンの有力上院議員の事務所などに送りつけられた炭疽菌は、生物兵器として十分通用する量のものであった。検出された炭疽菌芽胞は、粉末状に加工されていた。極微小の粉末状にすることによって炭疽菌芽胞は容易に空中に散布され、浮遊し、肺の奥深くまで吸入されるようになる（このアメリカの炭疽菌事件については、一六七ページBOX⑧で詳しく紹介する）。アメリカ全土を震撼させたこの炭疽菌事件について、アメリカ国防総省の元高官は次のように述べている。「国家よりもはるかに小規模なテロ組織でも、生物兵器を使いさえすれば、わが国に手痛い打撃を与えうるということを劇的なかたちで実証した」。しかし、実際に肺炭疽が発生した段階でのアメリカ政府の対応は実に素早かった。アメリカは生物兵器の分析において長足の進歩を遂げていた。数多くの生物兵器を短時間のうちに検出してしまう技術には目をみはるものがある。

それでもアメリカ陸軍の誇る生物兵器研究機関、ダグウェイ研究所の細菌学者、ハーグ博士にいわせると、「アメリカでも生物兵器テロ対策はまだ十分ではなく、FBI、米国国防総省、CDCなど柱となる組織の横の連係がなかなかうまく取れておらず、困った状況にある」という。

一九八〇年以降に生物兵器として研究・開発・製造されてきた微生物は三十数種にものぼる。とくに恐れられているのは、炭疽菌のほかに、天然痘（痘瘡）を起こす痘瘡ウイルス、ペスト菌、ボツリヌス菌毒素である。現在のところ、これらの生物兵器がいつ、どこで散布され、使用されるか皆目見当がつかない。もしこれらがテロリストによって使用された場合、ほとんどの国で十分な防御体制ができていないため甚大な被害が出ると予想される。

炭疽菌兵器が問題となったのは、なにも今回が初めてではない。世界的に炭疽菌兵器が問題となったきっかけは、旧ソ連のウラル山脈の東にある工業都市スヴェルドロフスク（現エカテリンブルグ）で一九七九年四月に住民がつぎつぎと倒れ、最終的に六六人が死亡したことであった。旧ソ連の生物兵器製造の責任者がのちにアメリカに亡命して実態を明らかにし、さらにアメリカの専門家グループによる実態調査もあって、事件は生物兵器研究所から炭疽菌の芽胞が漏れだし、それを風下の住民が吸入して肺炭疽を発症して死亡したものであることがわかった。ソ連が、一九七五年に発効したBWCに反して攻撃用生物兵器を製造していたことが明るみに出たのである（スヴェルドロフスク事件については一六一ページBOX⑦で詳しく紹介する）。

第二章　化学兵器の実戦使用

古代から産業革命まで

化学兵器の源流は、古代ギリシャ時代にさかのぼることができる。当時、銀や鉛の精錬の際に発生するガスがきわめて有害とされ、恐れられていた。これが実は硫黄が燃えて発生する「亜硫酸ガス」であることが突き止められると、こんどは戦争での使用が考えられ、その毒性を増すためにさまざまな工夫が凝らされることになった。

こうして毒ガスが実戦に使用されたのは紀元前四二三年のことである。ペロポネソス戦争で、スパルタの同盟軍はアテネ軍の要塞に対して、火のついた石炭、硫黄、松やにの煙を城壁の亀裂から注ぎ込み、そこを占領することに成功した。その後の戦争では、煙や炎が頻繁に使われるようになった。じつはギリシャ人はそれよりずっと以前に「ギリシャの火」というものを発明していた。これは多分、樹脂、硫黄、松やに、ナフサ、石灰、それに硝石を混ぜたようなものだったであろうとされている。これは水に浮くので、海戦にとくに効果的であったという。

時代はとび、一〇九六年から二世紀におよぶ十字軍の遠征の際に、イスラム軍は十字軍に対してこの「ギリシャの火」を使って執拗に襲撃したという。一四五三年にはビザンチン帝国軍がコンスタンチノープル攻防戦において、攻め寄せるオスマントルコ軍に「ギリシャの火」で反撃した。一五世紀から一六世紀にかけてヴェネチアは、臼砲弾（きゅうほう）の中になにか毒物を詰めて敵を攻撃したり、敵国の井戸、穀物、動物を汚染するために毒の入った箱を送る戦術をとっていたといわれている。

産業革命以後

一八世紀末から始まった産業革命とともに、近代化学工業がにわかに発展した。さらに一九世紀末から二〇世紀初頭にかけて、ドイツで有機化学が開花した。このことは必然的に、兵器の中に化学物質を導入しようとする意見の広がりを招いたが、一方では化学兵器の使用についての倫理的な議論が深まりをみせた。

たとえば一八一二年、英国海軍省は、フランスへの上陸作戦の前哨戦（ぜんしょうせん）として、硫黄を積んだ船を燃やして送り込むというコクラン提督の提案を、戦争の倫理に反するものとして却下した。

それから四二年後、英国陸軍省は同様な理由で、クリミア戦争の際にセバストポリ要塞包囲攻撃を打開するためにシアン化物を充填した砲弾を使用すべきであるというプレイフェア卿の提案を拒否した。シアン化物を使用することはあまりにも非人道的であり、敵軍の飲料水に毒を入れるのと同じくらい罪が大きいというものであった。これに対してプレイフェア卿は、この反対はまったくナンセンスであると反論した。溶けた金属を充塡した砲弾を敵軍に浴びせ、きわめてぞっとする方法で殺すのは、戦時においては合法的と考えられているのに、ヒトを傷つけることなく有毒な蒸気で殺すのがなぜ非合法的というのか理解できない。やがては必ずや〝化学〟が戦闘に利用される時代がくるであろうと予言している。

同じ一九世紀、アメリカの南北戦争の際には、南軍に対して塩素を充塡した砲弾を使用するという提案がなされたし、フランスとプロシャとの戦争の際には、ナポレオン三世はフランス軍の銃剣をシアン化物に浸すことを提案している。いずれも実現することはなかった。

こうして一八七四年に開催されたブリュッセル会議では、戦争の際に毒物を使用することを禁ずるという動議が出された。一八九九年のハーグ宣言では、化学兵器使用の道徳について真剣な討議がなされた。しかし戦場での化学物質の使用を全面的に禁止するという決議にまでは到らなかった。

化学戦争となった第一次世界大戦

第一次世界大戦が勃発すると、ドイツ軍はすぐに携帯用の火炎放射器を使用しだしたし、フランス軍は、フランス警察が使用していた暴動鎮圧剤としての催涙ガス弾を小規模であるが使用し始めた。一九一五年春には、フランス軍はこの催涙ガス弾で大規模な攻撃を開始し

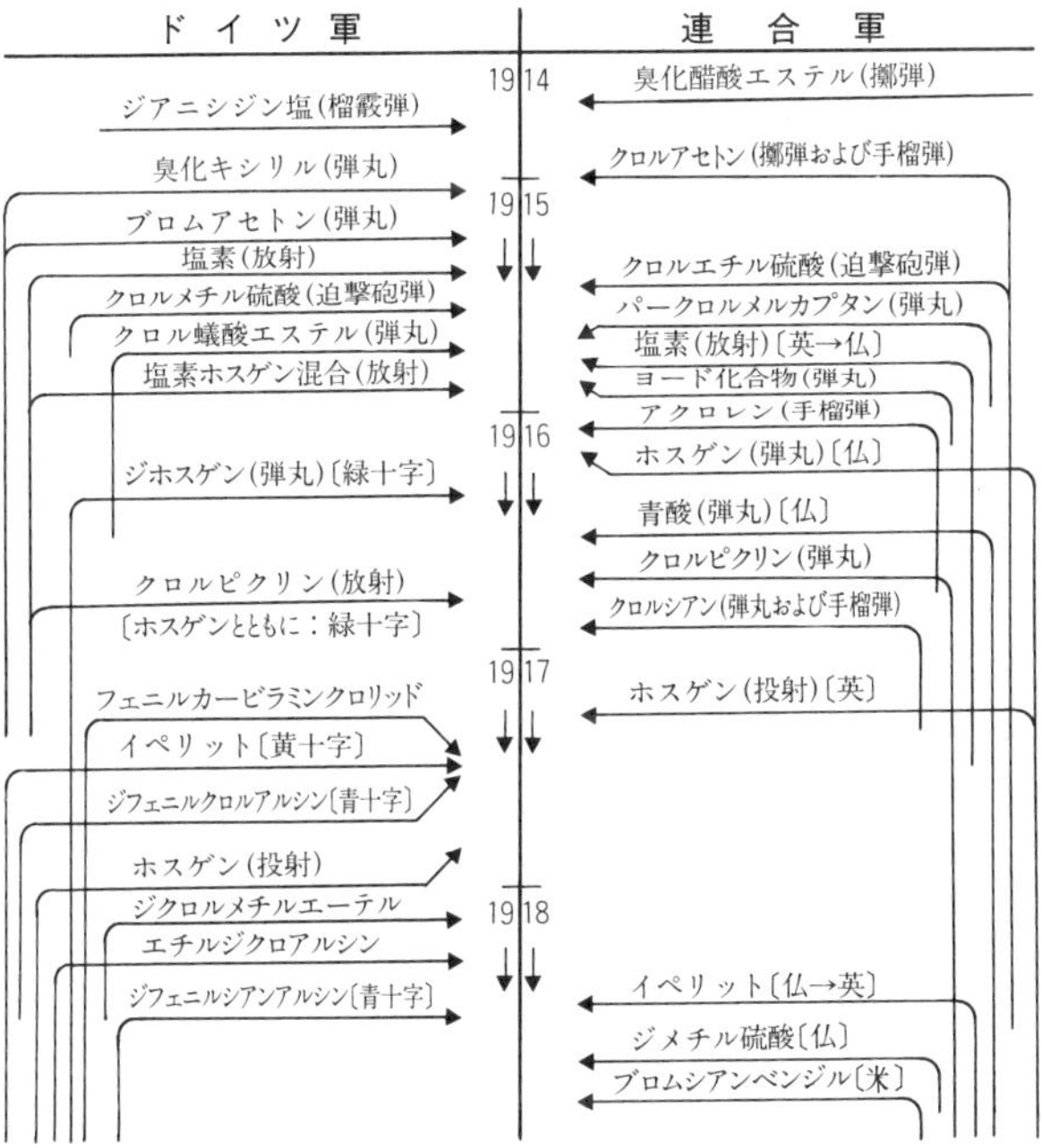

図2　第一次世界大戦時の主要毒ガスの出現順序（山田櫻『化学兵器』共立社，1935を一部修正）．**緑十字などは化学兵器のコード名．**

ようとしていた。この暴動鎮圧剤は近代戦で用いられた最初の化学物質である。これらのほとんどはまったく無効であり、攻撃を受けたドイツ軍も少しも気づかなかったようである。しかし、フランス当局はこの大戦中ずっと、より有効な暴動鎮圧剤の開発を続けた。

　ドイツ軍も一九一五年一月に、催涙ガスである臭化キシリル弾丸や臭化ベンジル砲弾を東部戦線のロシア軍に対して使用した。さらに、三月にはフランス軍に対して臭化キシリル、臭化ベンジル、ブロムアセトンを充塡した弾丸や砲弾で攻撃している。こうして、フランス軍もドイツ軍も一八九九年のハーグ宣言に明らかに違反する行動をとったのである。図2に、第一次世界大戦中に登場した化学兵器とその使用期間を示す。

当時ドイツは、名実ともに世界最大の化学工業国となっていた。とりわけ有機合成化学工業の領域では、他国の追随を許さない発展をとげ、副産物としてさまざまな有毒ガスを大量に生みだすようになった。なかでも、苛性(かせい)ソーダの大量生産は、副産物として塩素のおびただしい余剰ストックを生みだした。ドイツ政府はアンモニア合成でめきめき頭角を現わしていた化学者フリッツ・ハーバーを、化学兵器開発の総責任者に任命した。そしてハーバーが中心となって、この大量の塩素ガスを化学兵器として転用することが検討され、なんども予備実験を繰り返した結果、軍事的効果があると判断され、初めて実戦に投入されることとなった。

こうして、近代戦における化学兵器による大規模な攻撃が最初になされたのは、第一次世界大戦勃発の翌年、一九一五年四月二二日のことであった。ベルギーのイープル市の北東部に埋めておいた約六〇〇〇本のボンベから一五〇トンもの塩素ガスが一斉に放射されたのである(図3)。対峙(たいじ)していたフランス軍は総崩れとなり、たくさんの死傷者が出た。この攻撃の戦果は現在なお不明であるが、連合軍側の発表によると、この日だけで約一万四〇〇〇

図 3　ドイツ軍による毒ガス放射攻撃（西澤勇志智『新兵器化学——毒ガスとケムリ』内田老鶴圃，1925より）．**この写真では煙幕も入っている．**

人が負傷し、五〇〇〇名が死亡したという。ドイツ軍はせっかくつかんだ勝利に対して予備軍を投入しなかったため、十分な戦果を逸してしまった。そして、戦争中は塩素その他の化学兵器を戦略的役割よりも戦術的役割として用いることが命じられた。つまりドイツ軍中枢部は、これらの化学兵器をあまり信用していなかったのである（イープルの毒ガス戦は五一ページBOX①で詳しく紹介する）。

イギリス軍はただちに塩素で報復する準備を開始した。この戦闘をきっかけとして、化学戦争はますますエスカレートしていった。連合軍側もドイツ軍側も、塩素にホスゲンやクロルピクリンを加えるようになった。これらの三つの物質はいずれも呼吸器に障害を及ぼすため、防毒マスクは改良されてゆき、その方面の研究は大いに進歩したのである。この後は、塩素および塩素系化学兵器が第一次世界大戦中ドイツ軍と連合軍の主力兵器となった。

一九一六年二月二一日には、フランス軍はヴェルダン攻防戦で塩素よりもさらに毒性の強いホスゲンを砲弾に詰めて報復した。これを契機として、新たな化学兵器が続々と戦場に繰り出されることとなった。連合軍はホスゲンで執拗に攻撃し、ドイツ軍に大きな損害を与えたのである。このガスは塹壕（ざんごう）深くまで侵入し、ドイツ軍兵士はつぎつぎと呼吸困難に陥り、苦しみながら窒息し、死んでいった。

このときの悲惨な状況は、レマルクの名著『西部戦線異状なし』に、克明に記述されている。一方、ドイツ軍も連合軍に対してホスゲンで繰り返し反撃している。これらの塩素やホスゲンに対する防御手段として、各国とも防毒マスクや防護衣の改善の必要性が緊急の課題となった。少なくとも防毒マスクについては、新たな化学兵器が投入されるたびにつぎつぎと改善されてゆき、それぞれ防御に耐えうるものとなっていった。

イペリットの登場

一九一七年七月一二日には、ドイツ軍は満を持して、まったく新しいタイプの毒ガス、イペリットを砲弾に詰めてイープル市を攻撃した。イープル市は、ベルギーの海岸線から約三〇キロメートル、フランス北部のダンケルクから四〇キロメートルのところにある。この攻撃で連合軍側に二万名もの負傷者が出た。こうしてまたたく間に、ドイツ軍はイープル市を占領した。この新しい毒ガスはその戦果を記念して「イペリット」と名づけられ、ドイツやフランスでは現在でもイペリットと呼んでいる。イギリスやアメリカではそれが〝からしのにおい〟がすることから「マスタードガス」と呼んでいる。日本はフランスから製造技術を導入し、装置も購入して製造した関係もあり、さらに戦争中は英語排斥運動もあって、イペリットという名称が広く使用されてきた。

びらん剤であるイペリットは少量でも有効であり、皮膚に広範な障害を起こすのみならず、眼さらには肺にも障害を及ぼす効果があった。もっとたちが悪いのは、数時間の潜伏期間があり、すぐには症状が出てこないので、対処が遅れることになる。したがって実際に攻撃を受けてもそれがイペリットによるものであるという確定診断は当初は困難であり、医療機関はその対処にパニックに陥った。イペリットによる死亡率は五%以下であったが、それによって受けた傷は回復が遅く、治癒するまでに六週間以上もかかった。

従来の防毒マスクはイペリットに対しては役に立たず、新たに防護衣まで必要となってきた。さらには軍馬にも防御をとらざるえなくなった。とにかく厄介な化学兵器が登場してきたのである。

図4　イープル防御地区で毒ガスにより重症を負ったイギリス軍兵士たち（L. F. ハーバー『魔性の煙霧』原書房，2001より）**．イープルで負傷したイギリスの詩人W. オーエンはこのときの惨状を「『ガスだ！毒ガスだ！　みんな急げ！』無我夢中で不恰好なガスマスクを着け辛うじて間に合ったと思った時　悲鳴をあげてよろめく人が見えたのだ．……」と詩に写しとっている．**

それに対抗して、連合軍側もただちに苦労を重ねてイペリットをつくり、反撃した。第一次大戦末期には、化学兵器の主流はいつのまにかイペリットになっていた。ヒトラーも大戦終了まぎわにイペリットの洗礼を受け、一時失明したことは有名である。

イギリス軍の化学戦専任の軍医ホールデンによると、大戦中イギリス軍だけでも、イペリットで一五万人が負傷し、そのうち約四〇〇〇人が死亡した。四〇人に一人の割合である。しかし、永久に身体障害者となったのはわずか七〇〇人であった。これは二〇〇人に一人の割合であった（図4）。

大戦の末期になると、新たにびらん

剤として、イペリットよりもさらに速効性のルイサイトや催吐剤のアダムサイト（DM）が開発された。しかし、化学兵器に対する治療・予防の研究も大いに進展した。ルイサイトの治療薬としてジメルカプロール（BAL）が、神経剤の治療薬としてヨウ化プラリドキシム（PAM）が開発された。神経剤の治療研究は副産物として農薬中毒の治療に役立つことがわかり、こうして農薬中毒のアトロピン療法、PAM療法が確立されていった。

英国国防省によると、第一次世界大戦では一九一五年四月から一九一八年一一月までに、一万三五〇〇トンの化学兵器が実戦に投入された。とにかくこの大戦では、ありとあらゆる化学物質が化学兵器として投入された。催涙剤も数多く使用された。

最終的に大戦中に使用された化学兵器は約三〇種で、検討対象に取り上げられたのは三〇〇〇種にものぼった。第一次世界大戦はまさに「化学戦争」であったといわれるゆえんである。国連の報告書（一九六九）によると、第一次世界大戦での最終的な化学兵器による死傷者は、少なくとも一三〇万人、このうち死者は一〇万人にのぼるとされている。犠牲者の七〇％がイペリットによるもので、死亡者の八〇％はホスゲンによるとされている。『ブリタニカ国際大百科事典』によれば、第一次世界大戦の動員兵力は六五〇〇万人、戦死者は八五万人、負傷者は二一一八万人といわれる。

このように第一次世界大戦には化学兵器が登場し、戦況に大きな影響を与えたのである。

化学戦の糸口をつくったドイツが二度と化学兵器を使用しないように、わざわざヴェルサイユ条約の第一七一条には、有毒ガス自体の使用・製造・輸入を禁止するとあり、第一七二条にはそのような化学物質の性質や製造方法を連合国政府に開示すべきことが明記されている。しかし、その後ドイツはソ連と秘密協定を結び、ソ連領内でこっそりと化学兵器の生産と実験を続けていた。

化学戦争の戦後

第一次世界大戦が終結したあとも、イギリスは内戦中の北ロシアのムルマンスクやアルハンゲリスクで、赤軍に対してイペリットなどの化学兵器を用いたし、またアフガニスタンとパキスタンを結ぶカイバル峠では、アフガニスタン侵攻のためにイペリットを使用した。スペインも、モロッコの北部の部族に対してイペリット砲弾で攻撃した。新生のソ連も、クルディスタンの抵抗部族にホスゲンなどの窒息剤を使用したようである。

しかし、大戦後、化学兵器規制の気運が国際的に大きな高まりを見せ、さきに述べたように一九二五年には国際連盟のイニシアチブにより、化学兵器および生物兵器のいっさいの使用を禁止する国際条約が採択され、二六ヵ国によって調印された。この「ジュネーブ議定書」では、化学・生物兵器を戦争で最初に使用することの禁止が決まったものの、それを保持することは禁止されなかった。そこに大きな抜け道があった。主だった国々はこの条約を批准したが、アメリカと日本は批准しなかった。

ホスゲンとイペリットは一九二三年から一九三一年にかけて、イタリア空軍によって当時の植民地リビアで何度も繰り返し使用された。その使用は決して大量ではなかったが、砂漠地帯の無防備な住民や家畜に対しては大きな被害が出た。こうしてイタリアは化学戦争の経験を積んでいった。

その後イペリットが大量に使用されたのは、一九三五年にイタリア軍がエチオピアに侵攻したイタリア－エチオピア戦争のときであった。この戦争では、イタリア軍は大量のイペリットを使用し、エチオピア軍の制圧に成功したことが知られている（このイタリア－エチオピア戦争については九七ページBOX⑤で詳しく紹介する）。

日本軍の化学兵器の開発から実戦への投入

日本軍が化学兵器に注目したのは、第一次世界大戦時にヨーロッパ戦線で使用されたときである。化学兵器が爆撃機や戦艦などの通常兵器に比べて低いコストで生産でき、無防備な敵に対して甚大な被害を及ぼすことがわかったからである。日本では第一次世界大戦後間もなく化学兵器の研究・開発に取り組むようになった。

一九一八年、陸軍省内に「臨時毒ガス調査委員会」が設立された。翌年の一九一九年には陸軍科学技術研究所が発足し、化学兵器の研究が正式に始まった。一九二五年に日本政府はジュネーブ議定書に調印したが批准はせず、化学戦の準備は着々と進められていった。

陸軍は、広島県竹原市忠海町に所属する瀬戸内海に浮かぶ小島である大久野島に一九二七年に化学兵器を製造する目的で、陸軍造兵廠忠海出張所を極秘のうちに設置した。ここで、まずびらん剤であるイペリット、ルイサイトなどの生産が開始された。

日本軍が生産していた主な化学兵器には、次のようなものがある。びらん剤として、①ドイツ式イペリット（きい一号甲）、②フランス式イペリット（きい一号乙）、③不凍性イペリット（きい一号丙）、④ルイサイト（きい二号）、くしゃみ剤として、⑤ジフェニルシアンアルシン（あか一号）、催涙剤として、⑥クロロアセトフェノン（みどり一号）や⑦臭化ベンジル（みどり二号）、血液剤として、⑧シアン化水素（ちゃ一号）。これらは日本が開発したものではなく、欧米の技術を移入してつくったものである。

日本が初めて化学兵器を使用したのは、一九三〇年に発生した台湾霧社事件である。この霧社事件は、台湾の原住民である高山族による大規模な反日抗争であった。高山族の抵抗があまりにも強かったので、日本軍は通常兵器に加えて、催涙ガスであるクロロアセトフェノンを砲弾に詰めて攻撃し、制圧に成功したが、六四四名が死亡した。

霧社事件のあと、一九三三年には陸軍習志野(ならしの)学校が創設され、化学戦の運用・教育にあたり、化学戦の訓練を受けた将校・下士官を約一万人も養成した。そして兵士への化学戦の訓練は各部隊でなされた。

一九三七年、日中戦争が始まると、関東軍は満州のチチハルに化学部隊（満州516部隊）をつくった。この516部隊では、大規模な化学兵器の実験・訓練がなされ、生物兵器の研究・開発を始めていた731部隊と連係して、毒ガスの生体実験がなされた。

海軍でも陸軍に劣らずに、一九四〇年、相模(さがみ)海軍工廠を寒川(さむかわ)に創設した。

この日中戦争では、日本軍はまず通常兵器で中国軍を攻撃し、不成功の場合は最後の切り札である化学兵器、イペリットやルイサイトなどを容赦なく使った。また、その逆に、化学兵器で攻撃し、そのあと通常兵器で掃討を行なうこともあった。

一九四〇年一〇月、国民政府軍の大攻勢による宜昌(ぎしょう)攻防戦では、兵力で劣る日本軍は、化学兵器として、くしゃみ剤ジフェニルシアンアルシンとびらん剤イペリットを大量に使用した。国民政府軍側は、なんら防御対策をとっていなかったので、おびただしい被害が出た。中国人民解放軍の紀学仁・防化指揮工程学院教授の推定によると、「攻撃主力の二つの師団だけで一六〇〇人以上が中毒し、うち六〇〇人が死んだ」。この日中戦争では、各戦闘において規模からいうと小さいが、頻繁に化学兵器が使用された。

一体、中国戦線での日本軍による化学兵器の攻撃で、どのくらい犠牲者が出たのであろうか。紀学仁教授によると、死傷者数は九万四〇〇〇人以上、うち一万五〇〇〇人以上が死亡したという。そして毒ガス戦の回数は少なくとも二〇〇〇回以上とされている（紀学仁、一九九六）。日本軍からの資料がいっさいないので正確なことはわからない。

いずれにせよ、日中戦争は第一次世界大戦以降の「最大の化学戦争」の様相を呈していたといえる。

日本軍は太平洋戦域にも毒ガス部隊と装備を保有していたが、ここでは日本軍側が先制使用することはなかった。これはアメリカ軍から報復されるのを恐れていたためといわれている。当時のマッカーサー元帥もルーズベルト大統領も終始、毒ガスの使用には反対し続けていたのだが。

化学兵器の慢性悪性影響

大久野島では終戦の一九四五年まで化学兵器を大量に生産した。生産量としてはイペリットが圧倒的に多かった。ルイサイト、ジフェニルシアンアルシン、シアン化水素、クロロアセトフェノン、ホスゲンを生産していた。当時の従業員の数は三〇〇〇～五〇〇〇人であったといわれている。ここでの作業条件はきわめて劣悪であり、ガスに対する防御も不備であ

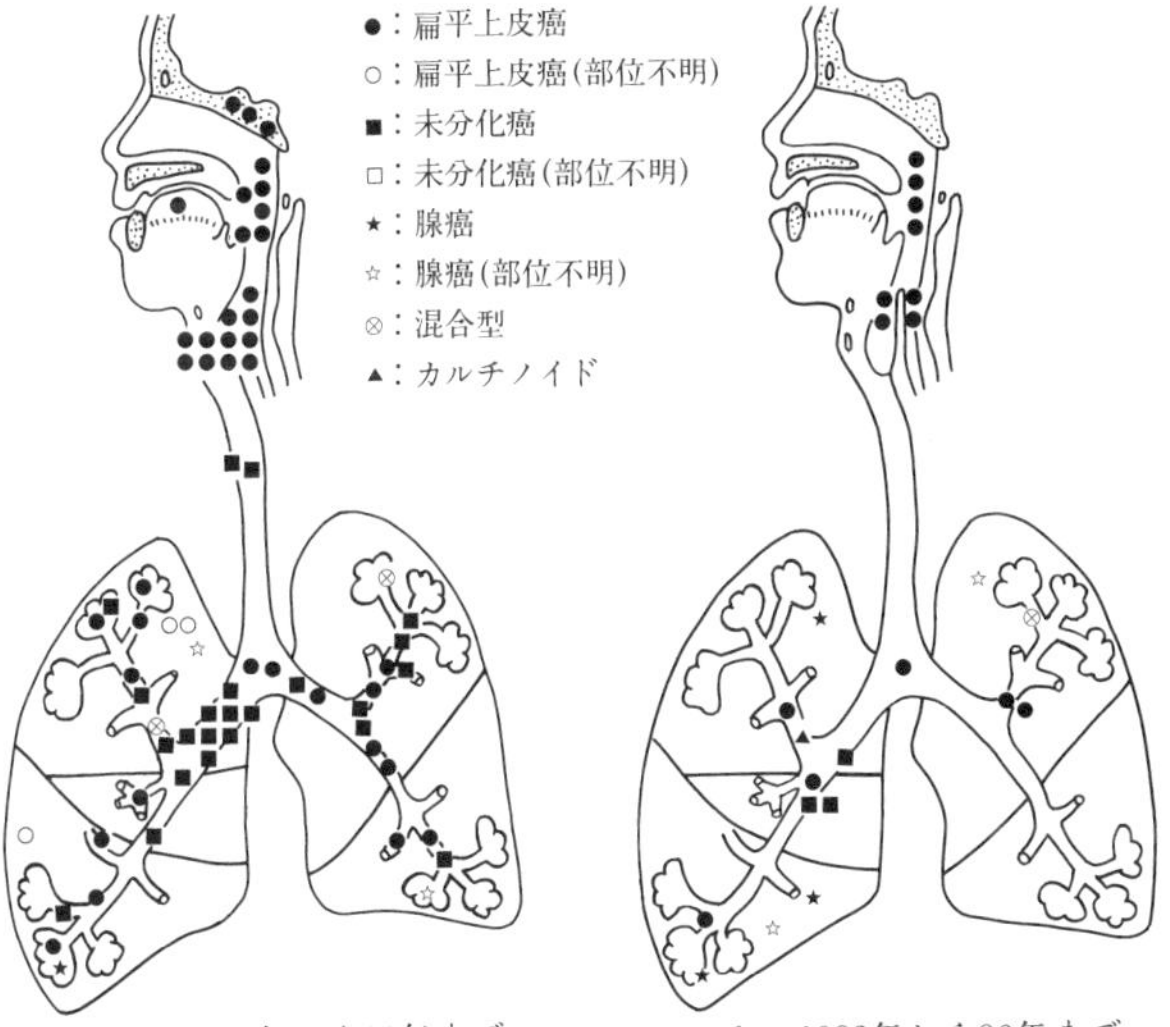

a　1977年から81年まで　　　b　1982年から86年まで

図5　イペリットとルイサイトの曝露による悪性腫瘍の発生部位と組織型（山木戸道郎，西本幸男「毒ガス障害者の気道癌」『代謝』23：3-8，1986より）

り、有毒ガスを吸入して多数の死傷者が出た。このことは戦争中にはまったく隠蔽(いんぺい)されており、問題とはならなかった。戦後、大久野島に保管されていた大量の毒ガス（イペリット　四五一トン、ルイサイト八二四トン、その他のガス三〇〇〇〜五〇〇〇トン）は、アメリカ軍の監督のもとで廃棄・処分された。一九五二年になって、イペリットとルイサイトの生産や処分に関連した作業をしていた人たちの間に、肺癌や慢性気管支炎などの呼吸器症状に悩まされている人が少なくないことに広島大学第二内科の医師たちが気づいた（重信、一九八三)。

そこで、広島大学医学部は工場の作業者について定期的に追跡調査を行なった。その結果、イペリットとルイサイト作業者には、図5に示すように肺癌を含む上気道癌がとくに高率に発生していることが判明した(山木戸道郎・西本幸男、一九八六)。しかし、上気道癌が発生していなくても慢性気管支炎で苦しんでいる人たちは多かった。とにかくイペリットやルイサイトを何回も吸入すると、慢性気管支炎や上気道癌が起こることは大きな問題である。この工場の作業者には、慢性気管支炎などの呼吸器症状が現在でもなお頑固な後遺症として持続している。

神経剤の誕生

一九三六年以降、新しい化学兵器である神経剤、タブン、サリン、ソマンが相次いでドイツの巨大企業であるI・G(イー・ゲー)ファルベン化学会社で開発された。これらは化学者シュラーダーが中心となって行なっていたパラチオンなどの有機リン系殺虫剤の開発の途中に発見したもので、虫だけでなくヒトにもきわめて有害な作用を有する有機リン化合物であった。

シュラーダーたちが一九三六年末に見つけたのは、恐るべき毒性のある化合物であった。実験室の机の上にほんの一滴落としただけで、室内の研究者たちは、みな眼の前が暗くなり、呼吸困難をきたした。この症状は、数日のうちに良くなったが、なかには三週間も仕事を休まなければならないものもいた。これを犬や猿に実験をしたところ、たちどころに呼吸が停止し、死んでしまった。この研究成果をナチス政府に報告した。ドイツ軍関係者たちは、動物実験を実際にまのあたりにして驚いた。当時これほど強力な毒物は誰も見たことがなかったのである。早速、ドイツ軍は、これを化学兵器として採用し、大量生産に入ることになった。シュラーダーはそれをタブンと名づけた。これは神経伝達物質であるアセチルコリンを分解するコリンエステラーゼの働きを阻害することによって致死的作用を起こすもので、その毒性は従来毒性が強いといわれたシアン化水素に比べて一〇倍から一〇〇倍も強力であった。これはナチス政権が支援してつくられたものである。

翌年、シュラーダーはタブンに似ているがさらに一〇倍も強力な有機リン化合物を発見した。彼はその開発に携わった四人の重要な貢献者（シュラーダー、アンブロス、ルドリゲル、ファン・デア・リンデ）の頭文字をとって、それをサリン（SARIN）と名づけた。当時のナチス・ドイツは、この物質に大いに関心を示して神経剤の生産工場を各地に建設し、アンブロスが総責任者となって動いた。タブンやサリンは航空機用の爆弾や砲弾に詰められ、攻撃の時期を待っていた。ところがヒトラーは、このサリンに関してはなぜか乗り気でなかった。ヒトラーは、アメリカやイギリスなど連合国側からの報復を恐れて使用の許可を出さなかったのだという。それでも連合国からの毒ガス攻撃に備えてガスマスクの生産に拍車をかけていた。

一九四四年になると、タブンやサリンよりもさらに毒性が強いとされているソマンが開発された。これは従来つくられてきたガスマスクを容易に通り抜け、ごく少量のガスを吸入しただけで死に至るという、当時としてはナチス・ドイツの誇る究極的な致死剤であった。ゲッベルス宣伝相は、科学者たちの意見をとりまとめて、ヒトラーに進言した。それまでヒトラーは、第一次世界大戦に起こった報復戦を恐れるあまり、毒ガスの使用を拒否してきたが、いまや怒濤(どとう)のように押し寄せるソ連軍を食い止めるには、このガスを使用するしかないと思うようになっていた。せっぱ詰まったヒトラーは作戦会議できりだした。東部戦線にのみ限局して使用すれば、イギリスとアメリカ両政府は西部戦線でそれに報復してくることはないだろうというのである。しかし、この作戦会議では、シュペーア軍需相をはじめとする軍の首脳陣は誰一人として賛成しなかったので、ヒトラーもこの件を再び口にすることはなかった。シュペーアは、ナチス政権の中でヒトラーが最も信頼していた閣僚のひとりであったが、化学兵器の使用をヒトラーになんども思いとどまらせた勇気ある男であった。

こうしているうちに、タブンの原料となるシアン化合物やメチルアルコールのストックが底をつき始めたので、タブンの製造を中止せざるをえなくなった。同時に、イペリットの製造も減らさざるをえない状況となっていた。しかし、これらの神経剤は相当に備蓄されていた。幸いにして、ドイツ軍はそれらを実戦に用いる機会を失したので、まったく使われないまま終戦となってしまった。じつは、ヒトラーが危惧していた連合国側には、神経剤の生産・保有どころか、その存在すら知られていなかったのである。

連合国側は、捕虜たちの情報から神経剤の存在を把握していたが、それを生産することは不可能であるので、情報を無視せざるをえなかった。ドイツが乏しい資源のなか必死で神経剤の開発・備蓄を進めている間、イギリスは第一次世界大戦の苦い経験から、ひたすらびらん剤であるマスタードガスの製造法の改良に最善の努力を重ね続けていたのである。

第二次世界大戦においては、ナチス・ドイツはヨーロッパ戦線で化学兵器を使用しなかったが、アウシュヴィッツなどの強制収容所でシアン化水素を発生させる殺虫剤、チクロンBを使って、数百万人ものユダヤ人を大量殺戮（さつりく）した（このことについては一二〇ページBOX⑥で詳しく紹介する）。

ジョン・ハーベイ号事件

第二次世界大戦も終盤に入った一九四三年一二月に、ドイツ空軍一〇〇機が連合軍の占領下にあったイタリア南部のバリ港に突如大空襲を行なった。その際に、停泊中のアメリカの

図 6　ジョン・ハーベイ号事件（1943年12月）．イタリアのバリ港に停泊していたジョン・ハーベイ号がドイツ空軍によって爆撃を受けて大破し，マスタードガスが大量に流出し，たくさんの死傷者が出た．

貨物船ジョン・ハーベイ号も爆撃を受け、大破した。この船には約一〇〇トンものマスタードガスが極秘に積み込まれていた。この爆撃による火災で、船は爆発した（図6）。そのためマスタードガスが大量に海中に流出した。ガスの被害を少なくするために、船長は貨物船の船底に穴をあけ沈めることにした。それがまた裏目に出た。沈没する際に、漏れだしたマスタードガスは、海面に流出していた油と混ざりあい、急速に汚染が広範囲に拡がったのである。このとき、バリ港内に停泊していた他の船の乗組員も海面に脱出したが、そのためにかえってマスタードガスの被害を拡げた。その結果、アメリカ軍兵士と一般市民あわせて六一七名が負傷し、そのうち八三名が死亡した。これは第二次世界大戦中にヨーロッパで発生した化学兵器事故の中で、最も多くの被害者が出た大惨事として非常に注目された。

この大量のマスタードガスは、アメリカからヨーロッパ戦線に送り込まれたものであることが戦後しばらくして明らかにされた。この当時、イギリスにも、アメリカから運ばれた大量のマスタードガスが備蓄されていたという。これは、ドイツのV1号、V2号の攻撃への報復として、チャーチル首相がドイツに対してマスタードガス攻撃を計画していたことによる。死亡した八三名はいずれも白血球が著しく減少していた。ちなみに、このことからのちに白血病などの治療が試みられ、抗癌剤開発のきっかけとなった。

敗戦による神経剤の分散

ドイツはイギリスの爆撃から逃れるためか、タブンなどの神経剤の工場を、シュレジエンなど東部に集中して建設していたが、一九四五年一月には、早くもソ連軍が占領し始めた。ドイツは前もって、タブンやサリンの製造に関する資料を焼却し、数トンけあった神経剤をオーデル川に流し、工場も完全に空爆で破壊する予定であったが、なにしろソ連軍の進撃が早すぎた。ディーレンフースにあるタブンとサリンの工場は無傷のままソ連軍の手に落ち、さらにサリンの大量生産のために計画されていたファルケンハーゲンの完成間近な工場までも接収された。そしてソ連はこれらの工場をそっくりヴォルガ河畔に組み立て生産を開始したといわれている。この情報を知ったイギリスやアメリカは、大いに落胆した。しかし、神経剤の製造に関与していたトップレベルの化学者たちの多くは、ソ連軍の捜査を逃れてイギリス軍やアメリカ軍に身柄を確保され、優遇された。このようにしてドイツで極秘に開発・生産されてきた神経剤は、戦後これらの国々でそれぞれ製造されることになった。神経剤関係の資料や人材が、第一次世界大戦の宿敵、フランスにだけは渡らないようドイツは努力した（Harris, Paxman、一九九六、常石、二〇〇一）。

究極の化学兵器ＶＸ

第二次世界大戦後、アメリカ、イギリス、ソ連は、ドイツが恐るべき化学兵器、神経剤を保有していたことに驚き、積極的に新たな化学兵器開発に取り組み始めた。一九五〇年代に入ると、化学兵器研究に新たな進展がみられた。それはＶ剤の発見であった。一九五二年から五三年の間に三つの化学会社が、とくにダニによく効く一群の化合物を発見した。当時、ドイツでなお活躍を続け、バイエル社に移っていたシュラーダー、スウェーデンのタンメリンおよびイギリスのＩＣＩ社のゴッシュは、これらの化合物の誘導体をつくった。ゴッシュの研究はイギリスのポートンダウンの化学防衛研究施設で取り上げられ、アメリカのエッジウッドの化学防御研究施設にも同時に知らされた。

それら一群の化合物の一つであるVXが、化学兵器として大規模に生産されることとなった。こうしてイギリスとアメリカでVXの生産が始められ、人体実験が繰り返された。その結果VXは、これまでに生産された神経剤のうちでも最も毒性が強く、きわめて致死性が高いことが証明され、恐れられるようになった。VXは長い間究極の化学兵器とみなされた。一九五九年にはアメリカにも工場がつくられ、一九六一年に量産が開始された。そしてアメリカでは、一九六九年に生産が中止されるまでに数万トンのVXが生産されたといわれている。

VXが実戦で使用されたという報告はまだない。しかし、テロリストによって日本で初めて使用された（これについては八九ページBOX④で詳述する）。

第二次世界大戦以後の化学兵器の使用

第二次世界大戦後、世界各地で化学兵器が使用されている。なかでも、エジプト軍のイエメン侵攻（一九六三～六七）、ラオス－カンボジア紛争（一九七九～八〇）、ソ連のアフガニスタン侵攻（一九七九～八九）の際に化学兵器が使用されたことは有名である。そのほとんどがマスタードガスであった。この時点では、神経剤はまだ使用されていなかったのである。

しかし、われわれの記憶に新しいのは、なんといってもイラン－イラク戦争でイラクが大量の化学兵器を用いたことである。

なお、ヴェトナム戦争でアメリカによって使用された枯葉剤については生物兵器の項（一三七ページ）を参照されたい。

イラン－イラク戦争

一九八〇年に始まったイラン－イラク戦争では、はじめはイラク軍の奇襲攻撃が功を奏して優勢であったが、圧倒的な兵力を有するイラン軍が勢力をもりかえして、逆にバスラ市を脅かすまでになった。そこでフセインは大規模に化学兵器を投入し、イラン軍を撃破した。この戦争で、改めて化学兵器の脅威が広く認識されるようになった。イラン政府はイラク軍が化学兵器を使用しているとして再三にわたり国連に調査を要請した。こうして国連はイランに専門家グループを派遣して調査し、不発弾からマスタードガスを、また土壌から神経剤タブンの分解産物を検出した。イラク軍は自国内のクルド人に対してもマスタードガスのみならずシアン化水素などの化学兵器を使用したこともあとで判明した。

この戦争では神経剤の分析に関する研究が盛んに行なわれて数多くの研究成果が得られ、分析法の画期的な進歩がみられた。

一九八九年にパリで国際会議が開催され、化学兵器の廃絶をめざす最終宣言が採択された。

ペルシャ湾岸戦争

一九九〇年八月の、イラクのクウェート侵攻から始まったペルシャ湾岸戦争においては、イラク軍による化学兵器の使用が大いに懸念されたが、実際に使用されることはなかった。この戦争は、多国籍軍がアメリカ五三万、その他の国々二〇万の兵士を投入して、あっという間に勝ってしまった。本格的な戦争ともいうべき地上戦の期間は、せいぜい一週間くらいのものであった。

しかし、二、三年後、アメリカでは復員軍人の間に、いわゆる「湾岸戦争症候群」という奇妙な病気が多発していることが報じられた。この症候群では、最も多い訴えは関節痛であり、次いで皮疹（ひしん）、胸部痛と呼吸困難、不眠、思考力の低下、疲労感、下痢、悪夢、脱毛、歯肉出血の順であった。復員軍人で湾岸戦争症候群と認定された場合、補償金がもらえるというので、申請者が増加した。一九九四年一二月一日の時点で申請者は四万六九八三人という膨大な数となり、アメリカでは大きな社会問題となった。退役軍人病院が責任をもって認定作業を行なったが、実際に認定されたのは一割程度であった。

この症候群の原因として、劣化ウラン弾の使用、神経剤の予防薬として服用した臭化ピリドスチグミン中毒、イラク国内にあった神経剤などの化学兵器の被曝、化学物質過敏症、リーシュマニア症、神経症などさまざまな疾患が疑われたが、最終的に結論は出ていない。自覚症状が主体で、多様であり、特徴的な他覚的な所見はない。またアメリカ以外の多国籍軍兵士には、同様の症候群があまりみられていないことなどから、本症候群の存在を疑問視するむきも多い。

オウム真理教のテロ事件

国際的に化学兵器の廃絶の気運が高まっていた矢先に、日本においてサリンやVXを用いたテロ事件が発生した。

一九九四年、六月二七日夜一一時頃、長野県松本市の閑静な住宅地でオウム真理教の犯行グループがサリン噴霧車というものを使い、サリンの原液を加熱・蒸発させて散布し、風下にいた付近の住民に二一三名もの中毒者が出た。この事件では、隣接した三つのマンションの二階と三階の住民に七名の死者が出た。

さらにオウム真理教の犯行グループは、翌年の三月二〇日午前八時すぎ、東京の営団地下鉄車両内に、それぞれサリン約三〇％溶液の入ったポリエチレンビニル袋を五組に分かれて持ち込み、傘で突き破ってサリンを蒸発させた。この蒸気が車両内に充満し、それを吸入した乗客約五五〇〇名が被害にあった。この事件では現在のところ一二名の死亡者が出ている。

ほぼ時を同じくして同グループは、個人へのテロのためVXを使用した。彼らはVXを、約五cc使い捨ての注射器に詰めて、いずれも被害者の項部（うなじ）や後頭部にふりかけた。皮膚から吸収され、三名の中毒者が出た。このうち一名は数分後に即死した（これらの事件については七五ページBOX③、および八九ページのBOX④で記述する）。

これまで、サリンにしてもVXにしても、実戦での使用は記録されておらず、サリンについては中毒例の報告はきわめて少なかったし、VXについては皆無の状況であった。今回の一連の事件で、サリン中毒やVX中毒の病像が明確となり、診断や治療、防御対策について数多くの情報を得ることができた。

今後の現代戦では、神経剤とマスタードガスが使用される可能性が大きい。シアン化水素もまだ油断ならない。情報筋によると、窒息剤も脅威であり続けるという。

BOX①　イープルの毒ガス戦

一九一四年八月三日、ドイツ軍は大軍をもって中立国ベルギーに侵犯し、さらにシュリーフェン計画にもとづいて破竹の勢いでベルギーを駆け抜け、パリの近くまで侵攻していった。しかし一〇月頃になると英仏の連合軍側もようやく体制を整え、少しずつ反撃に移り、一〇月から一一月にかけての「第一次イープル戦」ののち、北はベルギーの北海沿岸から南は東部フランスのスイス国境まで一万五〇〇〇マイルに及ぶ西部戦線が形成された。この西部戦線に連合軍は二つの突角部をつくっていた。一つは東部フランスのヴェルダン地区であり、もう一つがベルギーにあるイープル地区であった（図7にイープルの前線地図を示す）。この二つの突角部をめぐってドイツ軍と連合軍は互いのメンツをかけての血みどろの激戦を繰り広げていった。双方とも強力な殲滅手段がなく、両軍が対峙したままの膠着状態が続いていた。

このような状況にある西部戦線の膠着状態の打開を図るためには、どうしても斬新な戦略が必要であった。当時のドイツでは食塩水を電気分解して苛性ソーダをつくる電解法が開発されており、多量の苛性ソーダが生産されていた。一方ではその副産物として大量の塩素ができてしまうという難題が生じており、この塩素の処分や保存に大いに苦慮していた。

この塩素を化学兵器として活用することに着目したのが、カイザー・ヴィルヘルム物理化学・電気化学研究所の所長フリッツ・ハーバーであった。そこでハーバーは、いろいろと攻撃方法を検討した結果、塩素ガスをボンベから放射して攻撃するというのが最

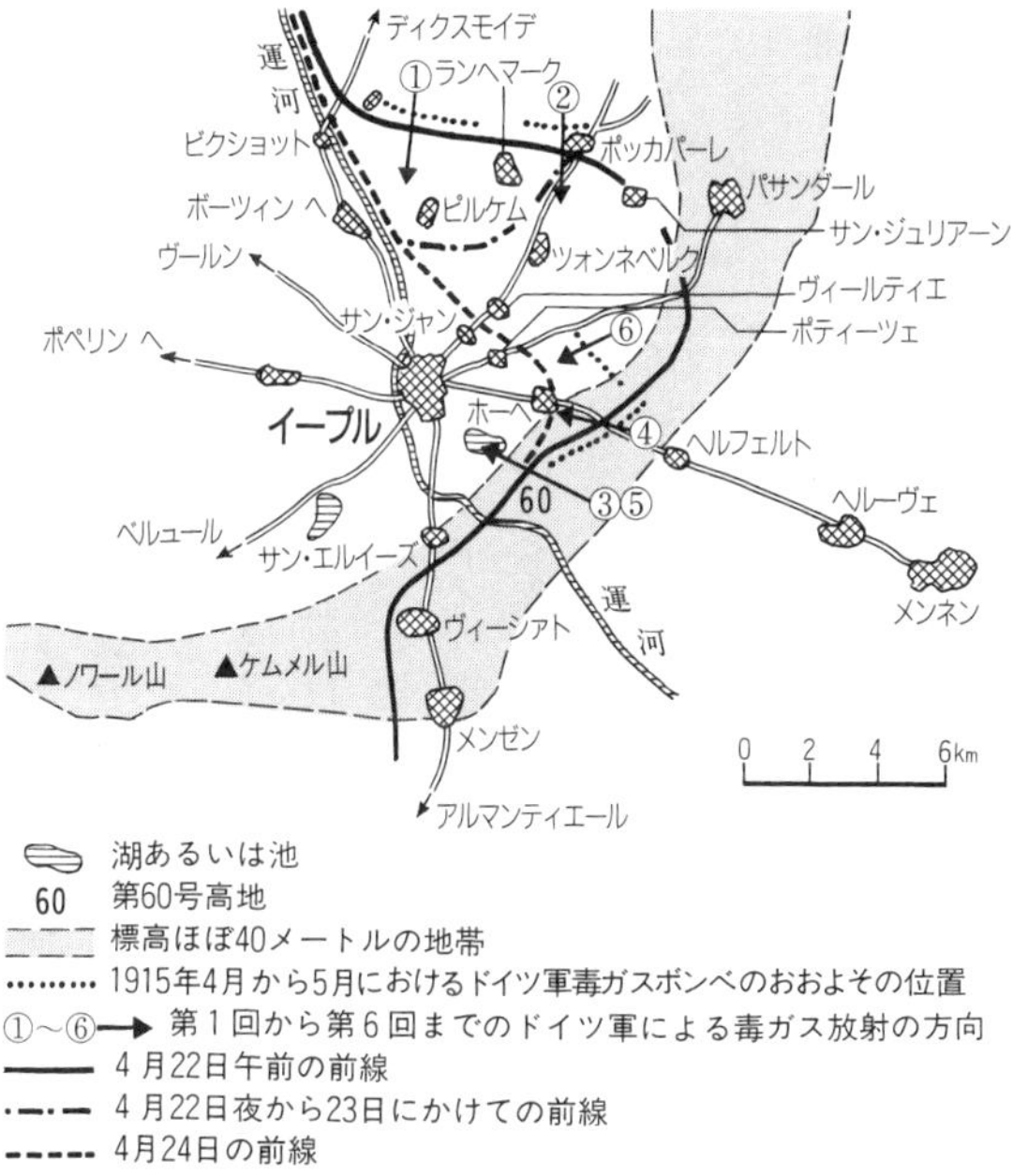

図7　イープル戦線におけるドイツ軍の塩素ガス放射攻撃地域（前出『魔性の煙霧』より）

善の攻撃法であるという結論に到達した。ハーバーは塩素は円筒型のボンベに液体のかたちで貯蔵でき、運搬が容易であるため、このボンベを並べて放射すると空気より重たいガスが地表に立ち込め、掩蔽壕内奥深くに潜んでいる敵兵を殲滅できる、と提言した。

　ドイツ軍参謀本部は、すぐさまハーバーの提案を受け入れ、塩素を利用して一刻も早く攻撃を開始するよう命令を出した。

ハーバーには大幅な権限が与えられた。ハーバーのもとには、ドイツ各地から第一級の優秀な物理化学者たちが集められ、化学兵器攻撃チームが新設されることとなった。ハーバーは技術指導者として、寝食を忘れて塩素ガスの放射攻撃に取り組んだ。最初の放射実験は、一九一五年一月にヴァーン射撃場で行なわれた。

ハーバーたちは、地理・気象条件を検討した結果、最終的にはイープルの北東部にある連合軍の突角部へ塩素の放射攻撃を行なうことを決定した。しかしながら、もともとイープルのあるこのフランドル地方では、風は春以外は通常連合軍の方角からドイツ軍の方向へ向かって吹き、ドイツ軍陣地から連合軍の方向に向かって風が吹くことは少なかった。このためなんども危険を冒しながら、敵の前面近くに多数のガスボンベを夜間に秘(ひそ)かに埋める大掛かりな作業を行なった。

ガスボンベ自体は特別変わったものではなく、通常の酸素や水素のボンベと同じであった。このボンベを塹壕(ざんごう)の底に穴を掘って埋め、各ボンベは鉛管でつなぎ、塹壕の上で曲げて外に出すという仕掛けである。ガスが塹壕に入らないように砂嚢(さのう)が積み上げられていた。連合軍からの砲撃により、たびたびガスボンベを埋める場所を変更した。これには多大な労力を要した。三月末までに、ドイツ軍は連合軍陣地から六キロメートルの距離をとって、北はビクショットの北東から、東のポッカパーレへ延びる約七キロメートルにわたる前線にそって、大型のボンベ一六〇〇本、小型のボンベ四一三〇本、計五七三〇本、つまり一五〇トンの塩素を充塡したボンベが埋設された。この攻撃を直接担当したのは二つの工兵連隊であった。作戦の指揮にはそれぞれ高度の訓練を受けた士官があたり、技術者、気象学者、化学者も連隊に加わっていた。

四月二一日、ドイツ軍は総攻撃を試みようとしたが、風向きが思うようにならなかったためやむをえず延期することとなった。

そして四月二二日、いよいよ本格的な化学戦争の火蓋（ひぶた）が切って落とされることとなった。最初は午前四時に放射する予定であったのが、午前六時に延期され、次いで一〇時となり、午後五時二四分に延期されて、その時刻となってはじめて攻撃にふさわしい風向きとなったのである。

こうして午後六時きっかりに、イープルの町の北方の小集落、ランヘマークの北方にあるドイツ軍前線陣地の一〇〇〇本に達するボンベが同時に開栓された。約一〇分間のうちに七〇〇〇メートルにわたって一五〇トンの塩素が放射された。塩素ガスの雲はゆっくりと動き、秒速約〇・五メートルの速度で流れていった。

このガス雲は最初は白く見えたが、塩素ガスの量が増すにしたがい黄緑色へと変わっていった。数分間のうちに正面に対峙していたフランス軍第四五師団のアルジェリア兵たちは、特有のツンとする刺激臭のガス雲にすっぽりと包み込まれて次第に息苦しさを感じるようになった。窒息死をまぬがれた兵士たちは、ガス雲を逃れて後退していったが、ガス雲はそのあとを追って進み、フランス軍第四五師団の最前線は総崩れとなった。前線にいた第四五師団の第九〇旅団と後尾の第八七師団はほとんど姿を消していた。

一方、ドイツ軍兵士たちは慎重に前進していった。この前進が遅れたのは敵軍の抵抗によるのではなく、地上低くこもった塩素によるガス雲と最前線構築塹壕によるものであった。それでも一時間ほどのうちに、ドイツ軍は重要な拠点であるランヘマークとピルケムを占領した。ドイツ軍は、イープルのほんのすぐ近くまで到達していた。しかし、十分な予備軍がなかったので、占領できないままで終わってしまった。

ドイツ軍のイープルでの毒ガス攻撃のニュースは、またたく間に全世界を駆けめぐった。連合軍側の発表によると、この戦闘でのガス中毒者は約一万四〇〇〇人、死者は五〇〇〇人、捕虜は二四六八人にも達したとされた。この数字がすべて事実であれば、ドイツ軍は史上かつてない驚くべき戦果をあげたことになる。ドイツ軍側の資料によると、この戦闘での実際の死傷者数は、連合軍が発表したものよりかなり少なかったようである。正確な死傷者数は今となっては把握できないが、連合軍側がプロパガンダ用に数字を水増しししていたことは間違いない。

　ともかくこの日、一九一五年四月二二日の「第二次イープル戦」は塩素ガスという化学兵器の大規模攻撃が初めて行なわれた悪名高い戦闘として世界の歴史に名を残すこととなった。
　この日以後、ドイツ軍側もイギリス・フランス連合軍側もためらうことなくつぎつぎと「恐怖の」化学兵器を戦場に投入するようになり、「化学戦」はエスカレートしていったのである。連合軍側では、この日の塩素ガス攻撃の被害を誇張することによって、報復という対抗手段を正当化し、時を移さず報復の準備を進め、化学戦推進派の勢力拡大に大いに貢献することとなった。この日の戦いのためにドイツは非常に厳しい国際的非難を浴び、ドイツ軍の戦果は対応の拙劣さもあってあまり割に合わないものとなった。

ＢＯＸ②　化学者ハーバーと妻クララの悲劇

　一九一五年四月のイープルでの塩素ガス放射攻撃で期待したような大きな戦果が得られず、ハーバー（図8）はすっかり失望し疲れ切っていた。ベルリンの自宅に帰るのはいつも遅かった。彼の妻クララは、ユダヤ人でハーバーと同じく化学者であった。彼女は夫に毒ガス研究から手を引くようなんども懇願していたといわれている。そのことについて、夫となかなか話し合う機会がなかった。クララは、そのことでだんだんと抑鬱的になっていった。また、ハーバーは次に予定されているガス放射作戦のことで頭がいっぱいであった。

ハーバーが東部戦線での塩素ガス放射攻撃の視察に出た日の夜、妻クララは一人息子を残してピストルで自殺した。彼女の自殺の原因は、夫が毒ガス戦に手を染めたことへの抗議だとする説がある。自宅近くのハーバーの研究所で実験動物が毒ガスの犠牲にさらされているのを知って、夫の行動にすでに嫌悪を抱いていたことや、クララの親しい友人の化学者が毒ガス実験施設での爆発事故で死んだことにひどく心を痛めていたことなどがその説を支持しているようだ。彼女の遺書は見つからないままである。

大戦後、ハーバーは連合国側によって戦犯の烙印を押され、身柄の引き渡しが要求された。拘束されることを恐れてスイスに逃れていたが、数ヵ月後、連合国側が身柄拘束の要求を取り下げたため、ドイツへ帰国した。

その年一九一八年に、アンモニア合成の空中窒素固定法の発明に対してノーベル化学賞が与えられることになった。国内の混乱のため授賞式への出席は二年のび、一九二〇

図8　西部戦線で毒ガス攻撃を指示しているハーバー（右）（前出『魔性の煙霧』より）

年になったが、受賞に対して数多くの抗議の声があがった。同時に受賞したフランス人は出席をボイコットした。ハーバーの受賞対象である抗議の理由として、変わった受賞対象であるアンモニア合成法で生産された硝酸からつくられた火薬兵器が戦争を長びかせたというものもあった。

ユダヤ人であるハーバーは、当時プロシャ領に属していたシュレジエン地方のブレスラウ（現ポーランドのブロッワフ）の裕福な家庭に生まれた。プロシャ人の強い規則・秩序・義務感を信奉する父親の厳しい教育のもとに育った彼は、キリスト教徒でないものは大学のポストは得られないと知って、ルター派に改宗した。ドイツ人として認められるため、ドイツ人以上に国家に忠勤した。一九三三年にナチスが政権を握り、ユダヤ人をすべて国家公務員から追放したとき、ハーバーも例外でなく、国を出なければならなかった。「私の仕事はドイツの産業と軍事の拡大への道を開いた。すべてのドアは私の前に開かれている」と豪語していたハーバーも、いまやドイツに住む一介のユダヤ人にすぎなかったのである。翌三四年に、立ち寄り先のスイスのバーゼルで突然倒れ、心筋梗塞で死亡した。六五歳であった。

第三章　化学兵器各論

化学兵器は、一般には敵を殺すか障害を与えるために戦場で使用される化学物質と考えられてきた。実際、多くの化学物質はこの目的のために投入されてきた。ここでは化学兵器を神経剤、びらん剤、肺剤、暴動鎮圧剤、無能力化剤、血液剤（シアン化物）の六つに分類し、それぞれの解説をする。

第一次世界大戦では、塩素、ホスゲン、シアン化物、暴動鎮圧剤、さらにはマスタードガス（イペリットと同じ。この章以降マスタードガスで統一）が使用された。しかしながら、最近ではこれらの化学兵器は、非戦闘地域で脅威となっている。日本で起こった一九九四年六月の松本サリン事件、一九九五年三月の東京地下鉄サリン事件がそのよい例である。

戦闘地域で最も脅威となっているのは、びらん剤として知られているマスタードガスと種々の神経剤である。シアン化物（戦闘で使用される可能性はないとはいえないが）やホスゲンや塩素などの肺剤は、今日では軍事的には主要な化学兵器とはみなされていない。暴動鎮圧剤は、第一次世界大戦やヴェトナム戦争では使用されたものの、戦闘兵器というよりは警察当局によって使用されている。

これらの化学兵器のうち、シアン化物や神経剤は、曝露を受けると数分以内に死亡することになり、緊急に治療を必要とする。これらに対しては有効な解毒剤がある。一方、マスタードガスや肺剤は、高濃度の曝露を受けない限り、数時間後までは症状は起こらない。しかし、これらに対する解毒剤はない。

化学兵器は、その物理学的特性によってヒトへの影響が大いに異なる。たいていの化学兵器は、液体である。例外は、暴動鎮圧剤である。これらは、細かい粉末、あるいは液体に混ぜたエアロゾルのかたちで散布される。

液体の場合は、松本で行なわれたように高濃度のものを加熱して散布することもあるし、弾薬を爆発させて散布したり、散布機を用いて散布することもある。また、東京の地下鉄で行なわれたように、有機溶剤に混ぜて自然に蒸発させることもある。

ホスゲンやシアン化物などは、気温によって揮発させる。ホスゲンのような肺剤は揮発性が高いが、VXやマスタードガスは揮発性がかなり低い。揮発性の低い化学兵器は、地面、木の葉の茂み、乗り物などにいつまでも残る。化学兵器がどれだけの間液体として残存するかの性質を持続性というが、なかでも最も持続性の高いのはVXである。ついでタブン、マスタードガス、ルイサイト、サリンであり、シアン化水素、塩化シアン、ホスゲンと減っていき、塩素は最も持続性が低い。

いくつかの化学兵器では、曝露を受けると、瞬時にして重篤な症状を引き起こす。ところが、兵器によっては、二〜三分から数時間たってはじめて症状が出てくるが、症状は意外と軽微なものもある。大量の神経剤あるいはシアン化物は、吸入すると、数秒以内に意識障害や痙攣(けいれん)発作をきたす。肺剤であるホスゲンは、吸入すると、まず眼や鼻に刺激症状が現われてくるが、このガスの主要症状は数時間までは出現しない。暴動鎮圧剤は、たちまちのうちに眼、鼻、上気道に刺激症状や焼けるような感じが出現するが、これによって重篤な後遺症を残すことはきわめてまれである。びらん剤であるマスタードガスは、数時間以内に症状が出現することはないが、曝露から数分以内に細胞内では化学変化が起こっているのである。

1　神経剤

神経剤とは有機リン系の化合物であり、これが吸収されると、ごく少量でもヒトの神経組織中の神経末端にあるコリンエステラーゼ活性を阻害し、アセチルコリンが蓄積してくるために、多様な神経症状や致死的な効果をもたらす一連の化学物質をいう。この神経剤は、化学剤、化学兵器の中で最も毒性が強い。それは液体でも蒸気のかたちでも有害である。曝露後数分以内に死亡する。

神経剤としてこれまでに生産・貯蔵・使用されたものとして、タブン、サリン、ソマンとVXが有名である。図9にその構造式を示す。最初の三つはドイツで開発されたので、米軍

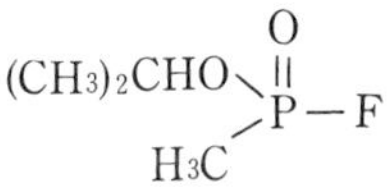

サリン(GB)

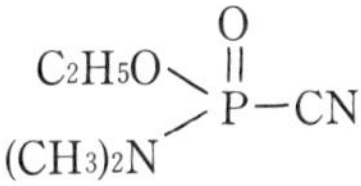

タブン(GA)

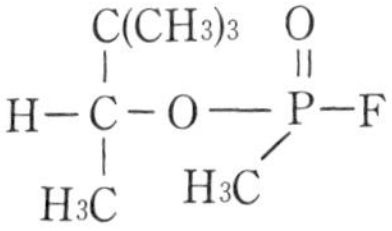

ソマン(GD)

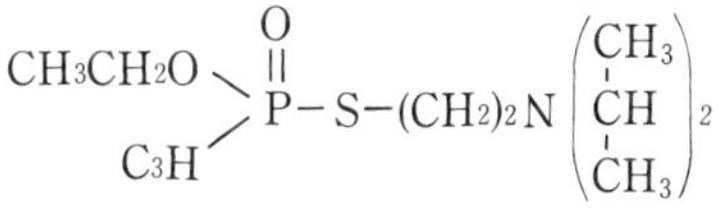

VX

図9　代表的な神経剤とその構造式

では、Gというコードが付けられている。タブンはGA、サリンはGB、ソマンはGDである。現在はこのほかにGFという神経剤があるとされている。これらG剤は液体であるが揮発しやすい。最も揮発性の高いのがサリンである。

VXはこれまで生産された神経剤のうちで最も致死性の高いものであり、皮膚からきわめてよく吸収されるという特性がある。その粘度の高い液体は、ほかの神経剤よりも安定性があり、長期間効果が持続することから注目されてきた。V剤に属するものとしては、現在、VXのほかにVEとVMがあることが知られている。ただV剤に関する情報は乏しい。

V剤の開発は、近代戦において失われつつあった化学兵器の軍事的評価を高めるものとなった。

神経剤は、蒸気の吸入曝露と液体の皮膚曝露では症状は多少異なる。

a　蒸気の吸入曝露

●少量：鼻水、縮瞳、軽度の呼吸困難

●大量：突然の意識障害、縮瞳、痙攣、無呼吸、弛緩性麻痺（しかんせいまひ）、著しい気管分泌液

b　液体の皮膚曝露

●少量から中等量：局所の発汗、悪心（おしん）、嘔吐（おうと）、脱力感、縮瞳

●大量：突然の意識障害、縮瞳、痙攣、無呼吸、弛緩性麻痺、著しい気管分泌液

（a）　サリン

一般的事項

サリンは一九三七年にドイツのシュラーダーらによって開発された有機リン系の化学兵器である。化学名O‐イソプロピル＝メチルホスホノフルオリダートと呼ばれる無色無臭の液体で、水に溶けやすく、揮発性が高く、毒性が非常に強いこと、短時間のうちに神経系に作用し、殺傷能力が強いことから、致死剤として化学兵器の中でもとくに重視されてきた。

実際のヒトに対する毒性についての臨床例の報告は、わが国での一連の事件が発生するま

ではきわめて少なく、いくつかの症例報告やアメリカでの人体実験の報告があるにすぎなかった。今回、日本で発生した一連の中毒事件は、史上かつてない大規模の惨事となった。

吸収と毒性

サリンなどの神経剤は、体表のどこからでも容易に侵入する。蒸気、スプレー、エアロゾルとして散布されると、まず結膜、粘膜、呼吸器から容易に吸収される。鼻粘膜からはとくに吸収されやすい。それが液体の場合は、結膜、皮膚、消化管を通して吸収される。サリンなどの神経剤は、吸収が起こった組織に最初に局所影響を及ぼす。

吸収量が著しく多い場合は、いきなり全身影響が出現する。呼吸器からは最も急速に、最も効率よく吸収される。サリンの吸入による最少中毒量は、五mg／分／m^{3}とされている。吸入によってヒトの五〇%が死ぬといわれるサリンの濃度、半数致死量LCt$_{50}$は一〇〇mg／分／m^{3}であり、経皮吸収による五〇%が死ぬ量LD$_{50}$は一七〇〇mgとされている。体内での解毒は緩やかで、蓄積性がある。

作用機序

サリンなどの神経剤は吸収されると、神経伝達物質であるアセチルコリンを加水分解する

表1　神経剤の薬理作用

作　　用	作用部位	反　　応
ムスカリン様	分泌腺	分泌液の増加
	汗腺	
	唾液腺	
	鼻腔	
	気管支	
	胃・小腸	
	平滑筋	
	気管支	収縮
	心	徐脈
	虹彩	縮瞳
	胃・小腸	蠕動運動，腹部疝痛，下痢
	膀胱	尿失禁
ニコチン様	自律神経節前シナプス	血圧上昇，蒼白
	神経筋接合部	筋力低下，筋線維束収縮，筋収縮，麻痺
中枢神経	中枢神経系	不安，興奮，痙攣，呼吸麻痺

井上尚英・槇田裕之『臨床と研究』71(9)：144-148，1994.

酵素コリンエステラーゼと速やかに結合し、その活性を阻害することによって酵素としての機能を失わせてしまう。このコリンエステラーゼはアセチルコリンが遊離されると、それを加水分解するが、コリンエステラーゼの活性が阻害されると、その結果として、アセチルコリンが蓄積されることになる。

表1に神経剤の薬理作用を示す。アセチルコリンの蓄積は、虹彩、毛様体、気管支、消化管、膀胱の副交感神経終末に起こる。最も顕著に侵されるのは、虹彩と毛様体の副交感神経終末である。これらの部位へのアセチルコリンの蓄積の結果、特徴的なムスカリン様症状（ムスカリン受容体刺激作用による症状）と所見がみられる。

一方、随意筋の運動神経終末や自律神経節へのアセチルコリンの蓄積は、ニコチン様症状（ニコチン受容体刺激作用による症状）と所見を引き起こす。

最後に、中枢神経へのアセチルコリンの蓄積は、脳や脊髄（せきずい）のさまざまなレベルの部位にみられ、多様な中枢神経症状をきたす。

症状・経過・予後

サリンは有機リン系の物質であるので、当然、その中毒症状は、農薬中毒のひとつである有機リン中毒にきわめてよく似ている。サリン曝露による中毒症状は、直接曝露を受けた眼や鼻粘膜にみられる局所症状と全身症状に大別できる。農薬中毒は農薬を飲んで起こることが多いので全身症状が主体となるが、サリン中毒の場合は、蒸気を直接顔面に浴びるので急速に症状が出現する。その結果、通常、眼、鼻、上気道の局所症状が最初に出て、それが目立つ。

初発症状としては、鼻水が出る、眼の前が暗い（室内が暗く感じる）が圧倒的に多く、息苦しいなどの症状がこれについでみられる。中等症や重症例では他の症状が目立つので鼻水に気づかないことが多い。重症例ではいきなり意識障害が出現する。

主要な自覚症状は、鼻水、眼の前が暗い、視野が狭いが圧倒的に多く、眼痛、物がぼんや

表2　聖路加国際病院に入院した111名の症状と所見

症状と所見	症状数	（%）
1．眼		
縮瞳	110	(99.0)
眼痛	50	(45.0)
視力減弱	44	(39.6)
霧視	42	(37.8)
結膜充血	30	(27.0)
流涙	10	(9.0)
2．呼吸器		
呼吸困難	70	(63.1)
咳	38	(34.2)
胸部圧迫感	29	(26.1)
喘鳴	7	(6.3)
過呼吸	28	(31.8)*
3．消化器		
悪心	67	(60.4)
嘔吐	41	(36.9)
下痢	6	(5.4)
4．神経		
頭痛	83	(74.8)
筋力低下	41	(36.9)
筋線維束収縮	26	(23.4)
四肢のしびれ	21	(18.9)
意識レベルの低下	19	(17.1)
めまい	9	(8.1)
痙攣	3	(2.7)
5．鼻・咽頭		
鼻水	28	(25.2)
くしゃみ	5	(4.5)
6．精神		
興奮	37	(33.3)

＊　これのみ88名の症例による

Okumura,T. *et al.* : Report on 640 victims of the Tokyo subway sarin attack, *Ann. Emerg. Med.*, 28 : 129-135, 1996.

り見える、頭痛、息苦しい、吐き気、喉の痛み、涙が出る、くしゃみ、嘔吐、四肢のしびれ感というふうにきわめて多様である。

他覚的所見としては、圧倒的に多いのが縮瞳である。瞳孔は著しく収縮し、直径は一ミリ程度になる。対光反射は消失していることが多い。つまり光を当てても瞳孔はそれ以上収縮しない。その他、体のあちこちの筋肉がピクピクする筋線維束収縮、四肢の筋肉に力が入らない筋脱力、全身の痙攣、呼吸困難、呼吸停止、心臓も止まる心肺停止がみられる。

表2に、地下鉄サリン事件で聖路加国際病院に入院した症例（中等症と重

症が多い）の症状と所見を示す。重症度についてみると、歩行の可否、意識レベル、呼吸障害の有無が参考となる。

●軽症では、歩行は可能であり、意識ははっきりしているが、鼻水、眼の前が暗い、息苦しいと訴える。縮瞳も出現する。

●中等症では、筋力低下のため歩行は不能であり、意識レベルは低下してくる。鼻水はひどく、息苦しさもひどくなり、縮瞳も明らかとなる。

●重症では、高度の意識障害、呼吸困難が主体となる。瞳孔は著しく縮小し、痙攣発作が頻発してくる。呼吸停止や心肺停止をきたす。

経過については、症状の発現は急速であるが、いったん症状がピークに達すると回復も早い。

予後として、重症例は呼吸停止、心肺停止で急速に死亡することが多い。病院に運ばれてきたときには亡くなっていて、〝来院時死亡〟と診断されている例も少なくない。心肺停止の症例は早急に心肺脳蘇生術を行なえば救命できることもある。呼吸停止のみの状態で運ばれてきた症例は、早期であれば、呼吸管理によって急速に回復することが多い。ただし、呼吸停止が長く続いた例では、酸欠症のために広範な中枢神経障害をきたす。昏睡状態など高度の意識障害を除けば、意識レベルは急速に改善することが多い。よほど重篤な例を除けば、二四時間以上も意識障害が続くことは少ない。意識回復後には、眼の前が暗い、眼がかすんで見える、眼が疲れる、など眼の症状を訴えることが多い。これらの眼の症状は、遅くとも一～二週間以内に消失する。

診断

サリンの吸入歴が重要である。中毒の診断の参考となる自覚症状は、鼻水が出る、眼の前が暗い、である。その他、以上の症状とともに息苦しいと訴える例が多い。

他覚的所見としては、縮瞳が最も重要である。この縮瞳は早期にはかならずみられる所見である。この縮瞳とともに、筋線維束収縮、四肢の筋力低下、呼吸困難、痙攣発作、呼吸停止、心肺停止などが認められる。これらの症状や所見は一般に急速に軽快する。

血液生化学検査では、診断に最も重要な検査は血漿（けっしょう）や赤血球のコリンエステラーゼ活性の低下をみることである。これはかならず認められる重要な検査異常である。軽症例ではその低下は軽度であるが、重症度が増すにつれて低下は著しくなる。とくに重篤な症例、呼吸停止や心肺停止をきたしたような症例では、正常値の下限の一〇%以下にまで低下する。重症例では、血清クレアチンキナーゼの値が上昇してくる。

サリン曝露を確認するためには、ガスクロマトグラフィー質量分析計を用いて、土、水、空気などの環境中のサリン、またはその分解産物であるメチルホスホン酸イソプロピルやメチルホスホン酸を検出することが大切である。

汚染除去・治療

サリンを含む神経剤の治療で最も肝腎なことは、できるだけ早急に治療を開始することである。まず汚染除去を行ない、薬物療法とともに呼吸管理・心肺脳蘇生が大切である。

a　汚染除去（除染）

汚染除去には特別な配慮が必要である。着衣や靴は緊急に撤去する。汚染されても、衣類は処分しなくてもよい。サリンは水溶性であるので水洗いできる。脱衣したうえで、石鹸と水で汚染を除去する。サリンは漂白粉、水酸化ナトリウム、希アルカリ液、アンモニア水で無毒化できる。具体的には漂白粉1と水4の割合に混ぜた液を汚染除去剤として使用する。地下鉄サリン事件の際は、電車は水酸化ナトリウムで除染された。

b　呼吸管理・心肺脳蘇生

重症例では呼吸停止、心肺停止をきたすので、一刻も早く心肺脳蘇生術を行なわなければならない。治療の手順については、著者らはサリン対策マニュアルを開発した。この心肺脳蘇生術が曝露から短時間のうちに開始された例では、救命された例が多い。

c　薬物療法

●硫酸アトロピン療法

これは対症療法として最も広く使用されてきたものであり、本中毒の中等症から重症例の治療には不可欠である。

重症例では、硫酸アトロピン（一アンプル（A）：〇・五mg／mℓ）の静脈注射（静注）を行なう。四～八A静注し、気道分泌液の状況をみながら、三〇分ごとに四A静注する。ただし口渇を強く訴え、散瞳し、脈拍が一〇〇以上となった場合は、硫酸アトロピンの副作用として精神症状が出現することが多いので、その際は減量すべきである。意識障害の持続している重篤な例を除いては、二四時間または四八時間以上続けてもあまり効果はない。眼症状に対しては、硫酸アトロピンなどの点眼薬を用いる。

●PAM療法

PAMはなるべく早期に静注する。一バイアル（V）には〇・五g入っているが、二Vを生理的食塩水一〇〇mℓに溶かして、ゆっくり静注する。筋力低下があれば、八時間ごとに二Vずつ追加していく。このPAMは重症例に有効である。しかし四八時間以上続けてもあまり効果は得られない。

●ジアゼパム療法

これは筋線維束収縮と痙攣発作に使用する。この際には一回にジアゼパム・〇mgをゆっくり静注する。痙攣発作が頻発する場合は、追加投与する。不安、興奮にもジアゼパムを経口的に用いる。この場合、ジアゼパム以外のベンゾジアゼピン系の薬剤も有効である。

BOX③　オウム真理教三つの事件

松本サリン事件

松本サリン事件は、一つの宗教団体が引き起こしたサリンを用いた世界最初のテロ事件であり、日本のみならず国際的にも大いに注目を浴びた。最初のうちは、松本で何が起こったのか、かいもく見当がつかなかった。私がこの事件にかかわりをもつようになったのは、事件翌日の朝のことであった。ある新聞社の取材がきっかけとなり、被害者の症状を詳しく知ることができた。

松本サリン事件の発端については、松本市有毒ガス中毒調査報告書によると「六月二七日、二三時九分に民家から四五歳の女性が息苦しい旨の救急要請があり、丸の内救急隊が出動し、三人を収容（一人は心肺停止患者）、心肺蘇生を実施して病院収容」と松本広域消防局に記録されている。この心肺停止の患者には、病院到着後も心肺蘇生を実施し、自発呼吸が出てきた。最初の救急要請から約四〇分後の二三時四八分には、隣のハイツAの入居者から「周囲に変なにおいがする」との連絡が入り、翌二八日〇時五分には、ハイツBから「友人が気持ちが悪い」、さらに会社寮から「息苦しい」という連絡が入り、救急隊は五人を収容した。これは松本城の北東わずか五〇〇メートルにある閑静な住宅地で、六月末の蒸し暑い夜に発生した奇妙な事件であった。原因不明のガス事故（?）が発生した夜、患者はつぎつぎと救急車やドクターカーによって各医療機関に搬送された。

被害者にみられた症状は、「眼の前が暗い、鼻水が出る、物がぼんやり見える、息苦しい、眼が痛い、せきが出る、喉が痛い」ということであり、一見すると特定の中毒を疑わせるものはないように思えたが、唯一気がかりとなったのは縮瞳が高頻度に認められるということであった。

その後明らかになってきたのは、「医療機関に収容された患者たちは縮瞳といった農薬など有機リン系の化学物質による中毒に近似した共通の症状を有していたこと、また血液生化学検査においても血漿中のコリンエステラーゼが著しく低下して」いることなど、「中毒は有機リン系薬剤によるものである」ことが裏づけられていた。この事件でのたくさんの出来事をまとめてみると、恐るべき事実が浮かび上がってきたのである。

中毒症状は、間違いなく有機リン系の化学物質の曝露を受けた結果であることが、時間とともに明らかになっていた。最も奇妙であったのは、ハイツAでは三人、ハイツBでは三人、さらに会社寮で一人と、時を同じくして、一時間以内に七名が急死しており、しかも死亡したのは三つの共同住宅の二階と三階の住人であったことである。一階からは死者はまったく出ていなかった。

そのほかに近所の民家の犬二頭が痙攣を起こして急死しており、池の中のザリガニも同じ頃に死んでいることが発見された。ただそのほかに、池の周囲の草むらと木々の葉が一部枯れているのが印象的であった。なぜ草が枯れたのであろうか。これがその当時は不思議でならなかった。

以上のことがらをまとめてみると、有機リン系の化学物質であるが、通常使用されている農薬の曝露などの可能性は考えがたいので除外されうるし、揮発性が高く、しかも毒性がきわめて強いものとなると有機リン系の〝神経剤〟が散布されたとしか思えない。

水溶性であることも考慮すると原因物質は限られてくる。やはり、サリンの可能性が大きいとの確信を抱くようになった。しかし、この説にははじめは誰も耳を傾けてくれなかった。ただ、あとでわかったことであるが、六月二八日の深夜には、すでに長野県衛生公害研究所のガスクロマトグラフィー質量分析計は池の水の中から「サリンと思われる物質」を検出していた。しかし、それを確認するのには標準物質が必要であった。これが入手できないと結論が出せない。こうしてさまざまな角度から慎重に検討がなされた。

ようやく七月三日になって、長野県警は、事件発生現場付近の池の水、民家の空気からサリンと推定される物質が検出されたと発表した。

この松本サリン事件では、最終的に死者が七人、重軽傷者が二一三人出た。

どうして日本で今頃そんなものが使われたか、と日本国中大騒ぎとなった。当日の気象条件が毒ガス攻撃に適していたことも、死傷者の数を多くした原因といえる。湿度は八三~九三%、温度は二〇~二四℃、風向きは北西で、午後八時の風速は〇・四m/秒、一時間後の九時には風速はもう少しおそくなって〇・三m/秒であった。もう一つの原因は、使われたサリンの純度が高かったことである。

東京地方裁判所でのこの事件の裁判において、検察側は冒頭陳述の中で次のように述べている。

「オウム真理教は、長野地方裁判所松本支部を目標に、約三〇キログラムのサリンで攻撃することとし、サリンの噴霧器を積載した車両（サリン噴霧車）を使ってサリンを噴霧することとした。予定より遅れて目的地に噴霧車が到着し、日没となったので、目標を裁判所宿舎に変更した。この結果、裁判所宿舎の西方にある駐車場にサリン噴霧車を移動した。犯人の一人は噴霧車の助手席で遠隔操作でサリン貯留タンクの下についているエアバルブを開けるとともに、銅製容器の加熱および高圧換気扇の作動をそれぞれ開始するため、そのスイッチを入れ、噴霧装置を始動させた。すると、同日午後一〇時四〇分頃から噴霧車の噴霧口から気化したサリンが白煙状態となって噴出し、噴霧車の周りに立ちこめ、同駐車場の東側にある池のほとりに生えている木立の上などを通って周囲に拡散された。犯人は同所で約一〇分間サリンの噴霧を続けた後サリンの残量がなくなったと判断し、逃走した」

この松本サリン事件で使用されたサリン三〇キログラムは、オウム真理教の土谷正実が中心となって一九九三年の一一月に製造に成功し、山梨県の上九一色（かみくいしき）村にあるクシティガルバ棟に保管されていたものであった。散布に参加したメンバーはいずれも予防薬として臭化ピリドスチグミンを服用しており、自家製の防毒マスクをつけ、治療薬ＰＡ

Mも用意していたという。

上九一色村での異臭事件とその後の顛末

松本サリン事件が発生した一九九四年の七月九日と一五日に、上九一色村で異臭事件が発生した。付近の住民が非常に不快なガスを吸入して息苦しくなり、家から走り出るという騒ぎが起きた。当時は、誰がそのようなガスを発生させたかわからなかったが、この異臭騒ぎが起きたのは、オウム真理教の所有する第七サティアン付近であったので、そこが発生源らしいと噂されるようになった。オウム真理教はただちにそれを否定したので、発生源はわからないままであった。ガスが流れた場所の草むらは茶色に枯れていた。

同年一一月にも、同じ場所で同じような異臭事件が発生した。やはり草むらは枯れていた。この草の枯れ方が、松本サリン事件の現場とまったく同じであることに警察庁の捜査官が気づいた。そこで彼らは、異臭事件が起きた付近の枯れた草とその下の土をもって帰り、科学警察研究所に分析を依頼した。

当時、科学警察研究所は、サリンの分解産物の検出法を知らなかった。分析官は早速、コロラド州立大学の杜祖健教授に頼み、アメリカ陸軍から資料をＦＡＸで送ってもらい、ようやく分析にこぎつけた。その結果、土の中からなんとメチルホスホン酸という物質が検出されたのである。これはまさにサリンの分解産物である。この物質の発見は、その後の捜査の進展にきわめて大きな役割を果たしたことはいうまでもない。

この時点から警察庁は、サリンをつくっているのはオウム真理教であり、その工場は第七サティアン付近であるという確信を強め、オウム真理教がサリン合成にかかわる化学物質を一体どこから入手しているかについて広範な聞き込み捜査を開始した。しかし、簡単には手がかりはつかめなかった。オウム真理教が疑われていたものの、警察庁には捜査に踏み込むにいたる十分な確証がなかった。

一九九五年一月一日、『読売新聞』は「上九一色村の土の中からサリンの分解産物がでた」というスクープ記事を一面に掲載した。これを見て驚いた麻原彰光教団代表は、自分たちが疑われ、警察による強制捜査が入るものと思い、すぐに第七サティアンにつくったサリンの製造工場解体を指示した。そして、すべてのサリンや中間生産物を廃棄するよう命じた。

もし仮にこの記事が出なかったら、第七サティアンの工場は稼働し続け、サリンの大量生産が行なわれたことは間違いない。

地下鉄サリン事件

地下鉄サリン事件の被害者の発生状況については、前川和彦東京大学教授の論文（一九九六）に次のような記載がある。「平成七年三月二〇日午前八時六分、地下鉄日比谷線築地駅に入構した電車から降りてきた乗客が頭痛、視野の暗さ、眼の痛みなどを訴えたのが悲劇の始まりであった」。消防への第一報は八時九分に茅場町駅から、警察へは八時一七分に八丁堀駅から、「異臭、大量の病人」を通報してきたことから、東京消防庁は、救急隊を総動員し、懸命の救助、救急、搬送につぐ搬送で対処した。東京中心部でのラッシュアワーの時期をねらってサリンを発生させたものである。

結局、霞ヶ関へ向かう営団地下鉄の三路線を走っていた五つの電車の乗客が被災し、二次災害を受けた地下鉄駅員、救急隊員、警察官など合わせて五五〇〇人が被害にあい、約二八〇の医療機関を受診した。このうち約一〇〇〇人が、約九五の医療機関に入院したと推定された。

警視庁は、当日の午前一一時には早くも原因物質は、「サリンの可能性が高い」と発表した。このように短時間のうちに、サリンの可能性を指摘できたのは、前年の松本サリン事件での貴重な経験によって進歩した分析技術が大きく貢献したものである。

奥村徹医師らは、聖路加国際病院において六四〇症例の治療にあたっている。そのうち入院した一一一人（中等症と重症）の中毒症状と所見（表2参照）を報告している。それによると、縮瞳が九九％と最も多く、これに次いで頭痛（七四・八％）、呼吸困難（六三・一％）、悪心（六〇・四％）、眼痛（四五・〇％）、視力減弱（三九・六％）、霧視（三七・八％）、嘔吐（三六・九％）、筋力低下（三六・九％）などが認められている。

この聖路加国際病院には、重症例が五例運び込まれている。一例はすでに死亡していた。心肺停止をきたしていた二例中一例は治療により完全に回復し、呼吸停止のみの二例も完全に回復した。これらの三症例は一週間以内に退院した。重症例においては、一刻も早く心肺蘇生術を行なうことの重要性を指摘している。

薬物療法として、地下鉄サリン事件ではアトロピンとともにＰＡＭが使用されているが、ＰＡＭは早期に使用すれば、重症例においても明らかな改善をみることも報告された。ＰＡＭ投与後血清コリンエステラーゼが急速に回復することも観察された。

この裁判において、検察側は以下のような冒頭陳述を行なっている。「本事件では、不純物であるヘキサン、ジエチルアニリンを含んだサリンが使用された。彼らはこれをナイロン・ポリエチレン袋にサリン混合液約六〇〇グラムを入れ、それを密封した袋一一袋を地下鉄列車内に持ち込み、五人が二ないし三袋をそれぞれの列車内で、平成七年三月二〇日午前八時を目標にビニール傘で突き刺して散布した」。

地下鉄サリン事件では、死者一二人、重軽傷者五五〇〇人が出た。本事件で被害者が多いわりには死亡者が少なかった理由としては、①事件発生後、短時間のうちに東京消防局による救急体制がとれたこと、②周辺の医療機関により救急措置が早急になされたこと、③サリン濃度が低かったこと、④地下鉄で換気が良好であった点があげられる。

ちなみに、地下鉄サリン事件で使われたサリンは三月一八日の夜からつくられ、翌日には反応を終えた。このサリンは一番はじめの物質、三塩化リンからではなく、一歩手前の前駆体、メチルホスホン酸ジフルオリドとイソプロピルアルコールを混ぜてつくられたもので、一日でつくれた。松本サリン事件のときのサリンと違い、地下鉄サリン事件で使われたサリンは精製されていなかったので、純度は約三〇%前後であった。

予後について、聖路加国際病院に入院した一一一例中ほとんどが完全に回復したが、三ヵ月後に心的外傷後ストレス障害（PTSD）を呈した例がかなり出ているもようである。

（b）VX

一般的事項

ＶＸの化学名はＯ－エチル＝Ｓ－２－ジイソプロピルアミノエチル＝メチルホスホノチオラートである。このＶＸは無臭の琥珀（こはく）色をした自動車のオイルに似た液体である。室温では水に溶けにくいが、比較的安定である。ＶＸは、通常の砲弾、ロケットやミサイルに詰めて使用される。その蒸気は空気より重いので、地表の低いところに溜まる傾向がある。その結果、塹壕戦に威力を発揮するともいわれている。粘度が高いため、溶剤（ｎ－ヘキサン）などに溶かして散布することもなされてきた。オウム真理教の犯行グループはＶＸを注射器に詰めて散布した。

ＶＸは、サリンなどの神経剤と同様に、全身の神経組織中のコリンエステラーゼ活性を阻害することによって中毒症状をきたす。アセチルコリンが過度に蓄積され、ムスカリン様作用、ニコチン様作用がみられる。

ＶＸは揮発性が低いため、通常ではその蒸気が呼吸器を通して吸収されることは少ない。ＶＸの液体は、皮膚や眼球からきわめてよく吸収される。サリンなどの神経剤に比べ、かなり少ない量で中毒を起こす。液体が皮膚に付着した場合、二～一〇ｍｇで死亡するという報告もある。アメリカの化学生物兵器の専門家サイデルは、ＶＸの最少中毒量を一ｍｇ、致死量を一〇ｍｇとしている。また、ＶＸには蓄積性があるともいわれている。

症　状

ＶＸは皮膚からきわめてよく吸収され、中毒を起こす。曝露から中毒症状の発現まで一定の潜伏期間（多くは数分）がある。これは皮膚から吸収されるためであり、血液を通して全身に拡がるのに時間がかかるからである。それでも曝露が多ければ多いほど、早く発症する傾向がある。

中毒症状は、サリンと本質的には同様である。衣類の上から散布された場合は、発症はより遅れる。

発症は急性である。重症例では突然発症する。中等症以下の症例では、急性に発症するが、極期に達するまでにある程度時間がかかることがある。

症状の内容はサリンと同様であるといっても、曝露された場合、ＶＸとサリンでは症状は大きく異なる。ＶＸの曝露では、局所の皮膚に症状が現われないため、サリン曝露の際にみられる、眼の前が暗くなるなどの眼の症状や鼻水が出るなどの鼻の症状に気づかないことが多い。

初発症状として、意識障害や痙攣発作が認められる。重症例では、いきなり痙攣発作と心肺停止がくる。ＶＸは皮膚に付着しても皮膚に局所症状が出現しないため、曝露を受けてもすぐには気づかない。局所症状として筋にピクピクする筋線維束収縮が出現することもある。

主要症状は意識障害である。障害の程度もさまざまである。重症例ではいきなり昏睡状態となる。高度の意識障害を示す例では痙攣発作をともなう。痙攣発作は、普通みられるてんかんと同様の、強直性と間代性の発作が起こる。そのほか、呼吸困難、唾液や気道からの分泌物の増加、筋線維束収縮などが認められる。この筋線維束収縮は、筋肉の線維束が不随意的に収縮して起こるもので、筋肉の一部がピクピク動いて見える。皮膚への付着量が少なければ局所にとどまるが、多くなると全身に広範に拡がるようになる。徐脈や低血圧も出現する。

縮瞳は初発症状より遅れて出現する。この縮瞳は必発症状である。瞳孔は、最初のうち左右の大きさが異なることがある。のちには左右同大となり、縮瞳を示す。その後、経過とともに瞳孔は散大してくる。

最重症例では、曝露から数分以内にいきなり強直性・間代性痙攣を起こして倒れ、心肺停止をきたして死亡する。重症例では、意識障害が出現し、急速に増悪する。極期に達すると、徐々に回復する。この意識障害が七日間くらい続くことがある。意識障害の回復の経過において興奮、独言、幻覚などの精神症状が出現する。これらの意識障害や精神症状は徐々に軽快する。酸欠症が続かない限り、完全に回復する。

診断

VXの曝露を受けても局所の皮膚に症状が出現しないため、気づかないことが多い。脳血管障害と誤診されることがある。したがってVX中毒については、診断が遅れることが多い。VXの皮膚への曝露から中毒症状発現までには一定の潜伏期間がある。この期間は、多くは数分である。

中毒症状は、急速に発症し、意識障害が主体となる。したがってVXの曝露が不明の場合は、意識障害をきたす疾患はすべて鑑別診断の対象となる。縮瞳は必発症状である。これらは前記症状より遅れて明らかとなる。瞳孔は最初は左右不同を示すことがある。一時間以内に左右対称性に縮瞳をきたすことも診断に役立つ。痙攣発作や呼吸困難も出現する。気管分泌物も多い。

VX中毒においても、サリンと同様に血漿コリンエステラーゼ活性の低下が診断のきっかけとなる。重症例ほど低下が著しい。血清CPKは上昇し、重症例ほど高値を示す。

血液、衣服、さらには土や水などの一般環境からのVX、またはその代謝産物であるメチルホスホン酸エチルやメチルホスホン酸のガスクロマトグラフィー質量分析計での検出が診断に重要である。VXも検知紙で検出できる。

汚染除去・治療

VXは、皮膚から吸入されやすいので、汚染部の水洗は至急行なわなければならない。VXの汚染除去に漂白粉や次亜塩素酸ナトリウムの水溶液を用いる。VXが衣類に付着した場合は、除去がなかなか困難であり、長期間残存するので、着衣は処分すべきである。

治療法は、サリンなどのG剤と本質的には同じである。最重症例には、心肺機能を維持するために心肺蘇生術をまず開始すべきである。いずれにせよ、呼吸管理が重要である。痙攣発作には、ジアゼパムの静注を行なう。気管分泌物は、硫酸アトロピンを静注しながら、コントロールする。精神症状が著しい症例に対しては、ハロペリドールを使用することもある。

BOX④　VXによる殺人事件

オウム真理教は、自力で独自の方法によってVXを開発した。このオウム真理教の事件で、VXによる殺人事件・殺人未遂事件はあわせて三例が公表されている。本書では、最重症例で死亡した一例について紹介する。この症例の臨床経過は、大阪大学のMorimotoら（一九九九）によって報告されている。

症例は、二六歳の会社員である。彼がねらわれたのは、警察のスパイと疑われたことによる。

事件が起きたのは一九九六年一二月一二日、午前七時二〇分頃のことである。その会社員が通勤のためJR新大阪駅に向かって歩行中に、オウム真理教の加害者がジョギングするようなかっこうをして後ろから近づき、首すじをねらって使い捨ての注射器でVXをかけようとした。あわてた加害者は針をつけたまま、会社員の項部（うなじ）に針を刺してしまった。驚いた会社員は、「イテー、こんちくしょう」と怒って加害者を追いかけた。おおよそ五〇〇メートルくらい走ったが、その途中路上で倒れてしまった。このときの状況については、待機駐車していたタクシーの運転手三人の目撃者がいた。

ある運転手によると、七時二〇分頃、突然男のウォーという大声が聞こえてきた。この叫び声を聞いて、「えらい大きな声を朝から出していると思った」。その人は、ウォーッとかワーッというばかりで、なにを言っているのかわからなかった。とにかくその人は、叫び声をあげながら歩道から車道に行き、頭を東に向けて、うつぶせに倒れた。そしてピクピクと痙攣していた。電話で一一〇番経由で連絡して、一〇分くらいして救急車がきた。救急隊は七時二五分に連絡を受け、現場に到着したのは七時二七分であった。当時、顔面は蒼白、表情は無表情で、呼吸は停止しており、脈拍は触れなかった。意識は不明でまったく応答なし。瞳孔は左右不同（右五ミリ、左二ミリ）であった。

搬送中にひどい交通渋滞にあい、七時五五分、大阪大学医学部特殊救急部に到着した。対応した医師によると、当時は、「心肺停止」の状態にあったという。入院時には、瞳孔は左右とも著しく縮小し直径一ミリとなっていた。入院後、心肺蘇生術を受けながら、アドレナリンの投与を受け、心拍が再開した。全身の理学的所見では、縮瞳、発汗、下痢、筋線維束収縮、低体温がみられた。著明な発汗は、上肢、頸部、顔面に認められた。体温は、一時間のうちに、三六℃から三四℃まで低下した。その後、肺水腫や消化管を含む全身に浮腫（ふしゅ）がみられた。四日目に自発呼吸が停止し、脳波は平坦化した。脳死の診断を受けた。七日目に死亡した。

入院時の血液検査では、コリンエステラーゼに著しい低下がみられた。心筋梗塞や脳血管障害を示す所見は認められなかった。

なお、一二月一二日に採取された血清を大阪府警察本部刑事部科学捜査研究所で分析したところ、VXの代謝産物であるメチルホスホン酸エチルが検出された。このようにして、この会社員はVX中毒と診断された。

この例は、加害者があわてたためVXの入った注射針がたまたま項部に刺さったので、被害者が気がついたのであるが、VXが着衣にふりかけられた場合は、いつふりかけられたかわからないので、完全犯罪も起こりうる。VXをふりかけられても、症状が遅れて出現しているのは、皮膚吸収から全身に拡がるのに時間がかかるためである。いきなり意識が消失し、痙攣発作が出ている点も他の二症例と同じである。サリンと同様、血清コリンエステラーゼが低下している点も注目すべきである。

この事件で、特筆すべきことは、血液中からVXの代謝産物が検出できたことであり、大阪府警の科学捜査研究所によるこの業績は高く評価されてよい。

2 びらん剤

びらん剤とは、皮膚に発赤や水疱（すいほう）を引き起こす化学物質をいう。これらの物質は、眼や気道粘膜、そのほかの臓器にも障害を起こす。

びらん剤では、マスタードガスがいちばん有名であり、最も多く生産され、使用されてきた。このほか、ルイサイトやホスゲン・オキシムがつくられてきたが、実戦ではマスタードガスほど多く使用されていない。

ここでは、びらん剤の代表であるマスタードガスによる中毒について紹介する。

マスタードガス

マスタードガスの化学名はビス（2－クロロエチル）スルフィドである。にんにく臭を有する無色の液体である。物理的にも化学的にも比較的安定した物質で、持続性・残留性が高い。

症　状

世界保健機関（WHO）の報告書によると、マスタードガスの曝露を受けた場合、眼に障害を起こし、無力化する量は一〇〇mg／分／m³である。皮膚に著しい火傷（やけど）を及ぼすのは、二〇〇mg／分／m³以上である。呼吸器からの吸収により死亡する致死量は、一五〇〇mg／分／m³とされている。

初発症状として出現するのは、くしゃみや流涙である。とくによく認められるのは、鼻からの出血である。結膜炎もみられる。鼻からの分泌液が増加し、くしゃみ、咽頭痛（いんとう）、せきがひどくなり、声もかすれてくる。悪心、嘔吐、下痢も出現してくる。皮膚にはかゆみと灼熱（しゃくねつ）感もみられる。

主要症状として、最もひどく侵されるのは、眼と皮膚である。眼は、皮膚や呼吸器よりも

表3　マスタードガスによる中毒症状
（イラン軍兵士，94例）

1．眼症状			
	結膜炎	88例	94%
	霧視	75	80
	羞明	68	72
	一過性の失明	4	4
2．皮膚症状			
	発赤	81	86
	色素沈着	77	82
	水疱	65	69
	重症火傷	11	12
3．陰嚢症状			
	発赤	24	25
	浮腫	20	21
	疼痛	17	18
	潰瘍	9	10
4．呼吸器症状			
	せき	81	86
	呼吸困難	42	45
	喘鳴	38	40
	ラ音	21	22
	胸写異常	19	20

Balali, M. : Clinical and laboratory findings in Iranian fighters with chemical gas poisoning, *Arch. Belg.*,42 (suppl.) : 254-259, 1984.

マスタードガスに対して鋭敏である。表3にイランのバラリ医師によってまとめられたイラン軍兵士のマスタードガスによる中毒症状の頻度を示す。

a　眼症状

蒸気曝露の場合、眼症状は必発症状である。眼への影響の程度から、曝露の程度を推定することができる。眼に対してただちにマスタードガスによる刺激症状が出現してくることはない。曝露を受けてから初発症状が出現するまでには、数時間を要することがある。最初に出現する症状は、重度の結膜炎にもとづくヒリヒリ感や流涙である。徐々に羞明（まぶしさ）をともなった灼熱感と眼瞼痙攣が続いて起こる。眼瞼浮腫により、開眼が困難となる。このため、視覚障害がみられる。眼瞼の間から水性の分泌液が出る。結膜は充血し、角膜は浮腫状態となる。重症の場合、角膜の混濁から潰瘍の形成をみることがある。

b　皮膚症状

皮膚障害は、マスタードガス曝露後、その程度によって症状発現までの潜伏期間が異なる。気温も湿度も高い場合は一時間くらい、大量の蒸気の場合は六～一二時間くらいの潜伏期間がある。

まず、曝露を受けた部位にかゆみと灼熱感と紅斑（こうはん）を生ずる。紅斑は徐々に出現し、次第に鮮明となる。皮膚は次第に浮腫状態となり、水疱病変が生じてくる。最初は小水疱であるが、次第に数を増し、融合して大きな水疱となってくる。水疱の破裂や上皮の損傷の場合、びらんとなり、容易に出血する。水疱が感染した場合は潰瘍を形成する。

このマスタードガスによるびらんまたは潰瘍は、疼痛（とうつう）が激しいこと、なかなか治りにくいことが特徴的である。

c　呼吸器症状

マスタードガスの蒸気を吸入すると、数時間して、くしゃみ、咽頭（いんとう）部の灼熱感、せきをもよおすようになり、二四～四八時間後に気管支肺炎が起こってくる。

予後については、マスタードガスによる障害では一般に治るのに時間がかかることが特徴である。

眼病変は、四～五日頃最高に達し、その後、徐々に回復する。たいていの場合、数週間で完全に回復する。

診断

マスタードガス特有の皮膚症状、眼症状から診断は比較的容易である。とくに曝露を受けた皮膚の紅斑や水疱形成が特徴的である。火傷が出現する。蒸気曝露の場合、結膜炎は必発症状である。これらの症状の改善に時間がかかることも特徴的である。

マスタードガスの代謝産物であるチオジクリコールの尿からの検出も診断に大いに参考となる。マスタードガスの検出には検知紙も便利である。

汚染除去・治療

マスタードガスの曝露を受けた場合、即刻水洗または石鹼水で洗い流すことが大切である。眼に入った場合は、数秒以内に水洗することが大切で、二分以上たってから洗っても除染効果はほとんどない。皮膚の場合は、五分以内に水洗しないと除染効果はない。汚染除去のため、中和剤として漂白粉を用いる。汚染した衣類は処分し、焼却ないしは埋める。

眼症状に対して二％のホウ酸水や、二％チオ硫酸ソーダで洗浄する。激しい羞明や眼瞼痙攣に対しては一日三回一％硫酸アトロピンを点眼する。二次感染の予防のため、抗生物質の点眼薬を用いる。

皮膚に対する治療は、火傷とほぼ同様である。発赤、腫脹に対しては、カラミンローションを塗布する。水疱はなるべく表皮を破らず、包帯で保護して保存する。水疱が非常に大きく自潰の可能性があるときは、無菌ワセリンを塗る。びらんが広範であれば植皮を行なう必要がある。

呼吸器病変に対しては、抗生物質を投与する。肺水腫の可能性があれば酸素吸入、対症療法を行なう。副腎皮質ホルモンも使用することがある。

BOX⑤　イタリア－エチオピア戦争（一九三五～三六）

第一次世界大戦後、イタリアは列国と同様にアフリカへの進出をねらっていた。一九二二年一〇月、ムッソリーニが政権を掌握し、独裁体制を確立した。その後、彼は植民地拡大をめざして、エチオピア併合に真剣に取り組むようになった。

一九三五年一〇月三日、イタリア軍は宣戦布告をすることなく、エチオピア帝国に南北から侵攻を開始した。これに対してエチオピア軍も徹底抗戦を続けていた。当時の大方の軍事筋は、双方の兵力・装備からみて、イタリア軍のエチオピア占領は、一～二週間で片づくとの結論に達していた。

イタリア軍は、拠点となる町や要塞は陸軍の戦車を用いた機動部隊で攻撃し、つぎつぎと占拠していったものの、広大な国土に分散しているエチオピア軍部隊をたたくことはなかなか難しいことに気づいた。そこでイタリアは、空軍が主体となってエチオピア軍の拠点をたたき始めた。イタリア軍機は無差別に爆弾を落とし、焼夷弾で町や村を焼き払っていった。一一月に入ると、イタリア軍は通常の爆弾とともにマスタードガス（イペリット）爆弾で攻撃していたが、次第に大胆になっていった。ムッソリーニは現地の総司令官バドリオ元帥に繰り返し電報を打ち、マスタードガスの効果的使用を促した。そうしてつぎつぎと攻撃を重ねるうちに、より有効な攻撃方法を学んでいった。

最終的には二つの方法でマスタードガスを散布した。一つはマスタードガス二一二キログラムを装塡した「C500T型航空爆弾」（図10）を投下するというもので、この爆弾が地上二五〇メートルの高さで爆発すると、爆発地点から二〇〇〜八〇〇メートルにわたって楕円形状に液状のマスタードガスが飛び散った。もう一つの方法は、飛行機に取り付けた噴射装置を使用して、エアロゾルの形でマスタードガスを散布するというやりかたである。この方法では、兵士のみならず、牧場、家畜、一般市民をずぶ濡れにさせた。

図10　マスタードガスを装塡したC500T型爆弾を囲むイタリア軍スペシャリスト（アンジェロ・デル・ボカ編，高橋武智監修『ムッソリーニの毒ガス』大月書店，2000より）

マスタードガスが散布されると、きまってからし（マスタード）のにおいがした。エチオピア軍の兵士にはそれがなんであるかわからなかったが、その攻撃のあとで恐ろしい事件がつぎつぎと発生したことから、イタリア軍が不吉な〝有毒ガ

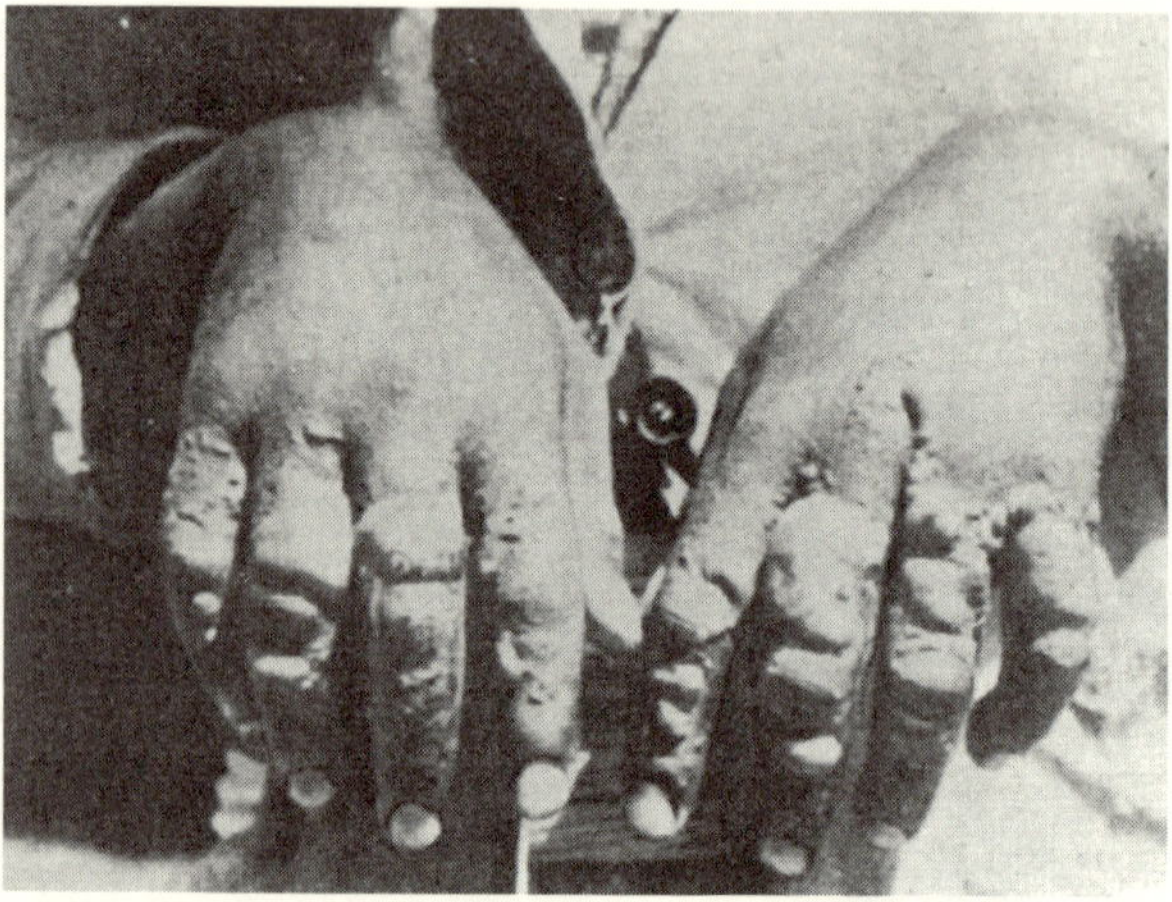

図11　マスタードガスで脹れ上がったエチオピア兵の手（マルセル・ジュノー著，丸山幹正訳『ドクター・ジュノーの戦い』勁草書房，1991より）

ス〟をばらまいていることを〝肌〟で感じていた。からしのにおいがすると、エチオピア軍兵士たちは散り散りに逃げた。そして、身の危険を感じて攻撃地点に近寄ることはしなかった。

エチオピア軍の輸送に欠かせないラバは、マスタードガスに汚染された草を食べてバタバタと倒れていった。ラバがなければ、アビシニア高原の狭く険しい山道は移動できないし、物資の輸送もできない。食料や軍需物資の補給が困難となり、離散する部隊も出てきた。また、汚染地域に踏み込んだエチオピア兵は、ほとんどが素足であったため、必ずといってよいほどマスタードガスによって火傷になった（図

11）。この火傷はいつまでたっても治らず、兵士たちを苦しめた。足には大小さまざまな水疱ができ、水疱が破れると、化膿（かのう）してびらんになった。このびらんによる痛みのため、歩けない兵士が続出した。

飛行機からエアロゾルの噴霧を受けた兵士たちは、みな眼をやられた。激しい結膜炎のため、眼が開けられず、まったく身動きできなくなった。また、高濃度のマスタードガスを吸入した兵士たちは、せき、痰（たん）、呼吸困難などの呼吸器症状で苦しんだ。息切れのため歩けなくなる兵士も続出した。

こうしてエチオピア軍は、イタリア空軍のマスタードガス攻撃で徹底的にたたかれ、一九三六年四月にはエチオピア軍の組織的な抵抗は終わりを遂げた。五月五日、首都アジス・アベバが陥落し、エチオピアは降伏した。軍事力の面から、イタリアがいずれは勝利を収めることは軍事評論家たちの一致した見解であったが、マスタードガスの使用がイタリアの早期勝利につながったことは間違いない。この戦争では、ホスゲンを充塡した砲弾も少なからず使用された。

この戦争でマスタードガスが大量に使用されたことは、一九三五年一二月の時点で、エチオピアで救援活動をしていた海外からの医師団や特派員たち、さらにはエチオピアのハイレ・セラシエ皇帝みずからが再三にわたり国際連盟に訴えていたにもかかわらず、イタリアの内政問題として無視された。ムッソリーニは、国際社会からの告発に対して、化学兵器使用の事実を否定し続けた。そして第二次世界大戦後になっても、イタリア政府は長い間ずっと沈黙をまもり続けた。

イタリア政府の国防大臣がこの戦争でのマスタードガスの使用をようやく公式に認めたのは、約六〇年後の一九九六年三月のことであった。

3 肺剤

肺剤は、これまでは窒息剤として知られてきた。この群に属する化学兵器は吸入すると主として肺に作用し、肺水腫をきたして窒息を起こすことを特徴とする。この群には、塩素、ホスゲン、ジホスゲンなどが含まれる。いずれも塩素系の化学物質である。最初に使用されたのは塩素であるが、最も多く使用されてきたのがホスゲンである。

ホスゲンの化学名は、塩化カルボニルである。これは、一八一二年にイギリスのジョン・デーヴィーによって初めて一酸化炭素と塩素を活性炭を触媒として加熱して合成されたものである。揮発性の高い液体であり、サイロに貯蔵した生牧草のにおいがする。高濃度になると刺激性が強くなる。空気より重い。水に触れると加水分解して、炭酸ガスと塩酸になる。このホスゲンは上気道の粘液水分と反応せず、分子状のまま肺胞に吸収され、肺胞に直接障害を起こし、肺水腫をきたす。

塩素に代わる化学兵器ホスゲン

ホスゲンが化学兵器として注目されるようになったのは、第一次世界大戦において、塩素に代わる化学兵器として投入され、おびただしい数の犠牲者が出てからのことである。一九一五年一二月一九日、ドイツ軍は初めて西部戦線のフランドルでホスゲンを使って攻撃した。これは空気より重いので、塹壕内に潜んでいた兵士をつぎつぎと倒していった。翌一九一六年の二月二一日、フランス軍はヴェルダンの攻防戦において大量のホスゲン弾を使用した。その後、イギリス軍さらにはアメリカ軍もホスゲンで頻繁に報復攻撃した。攻撃を受けたドイツ軍兵士はつぎつぎと肺水腫で死んでいった。

ホスゲンによる被害がいかに悲惨なものであったかは、前述の『西部戦線異状なし』に克明に記されている。ホスゲンは、第一次世界大戦の後半には非常に致死性の高い化学兵器として注目され、マスタードガスが登場するまで使用され続けた。第一次世界大戦において〝毒ガス〟による死亡者の約八〇％は、このホスゲンによるものである。この大戦では、戦場において酸素吸入や呼吸管理が十分できず、副腎皮質ホルモンもなかったので死亡率が高かったという。

第一次世界大戦の恐るべき教訓から、戦場においても産業職場においても、防毒マスクの開発と研究が長足の進歩を遂げた。幸いにして第二次世界大戦では、ホスゲンは化学兵器として使用されることはなかった。

オウム真理教は、肺剤としてホスゲンをつくっていた。一九九四年九月、オウム真理教の事件を追及してきたある女性ジャーナリストを殺害しようとして、彼女の玄関の郵便受けから、ホスゲンを噴射した。その結果、被害者は全治二週間の障害を負ったが、一命はとりとめた。ホスゲンは化学兵器としては製造しやすいので、今後もさらに使用される可能性は大きい。

症　状

ホスゲンは呼吸器を通して吸入され、中毒症状として肺水腫を起こす。皮膚から吸収されることはない。WHOが一九七〇年にまとめた報告書によると、吸入したヒトの五〇%が死ぬホスゲンの濃度、吸入致死量LCt$_{50}$は約三二〇〇mg/分/m^{3}とされている。ホスゲンを吸入すると、比較的低濃度から中毒症状をきたす。

ホスゲンは一・五ppm程度の低濃度では特有のにおいを感じるだけで、とくに自覚症状を現わさない。三ppmとなると喉に刺激症状を、四ppmとなると眼に刺激症状を引き起こし、四・八ppmではせきが生ずるという。五〇ppmでは短時間の曝露でも急速に致命的になるという。実際には、曝露総量がどのくらいになれば肺水腫が起こってくるのかについてはわかっていない。

初発症状として、眼・鼻・咽頭部の粘膜に刺激症状や悪心、嘔吐をきたすようになる。この刺激症状の強さや程度は、曝露レベルの大まかな推定に有効な指標となる。高濃度の曝露を受けた場合、激しい結膜炎が起こる。

主要症状は、肺水腫と循環血液量の減少である。初発症状から主要症状として肺水腫が顕在化するまでには、いわゆる臨床的潜伏期と呼ばれる一定の時間を要する。この臨床的潜伏期の長さは、吸入されたホスゲンの量に依存し、量が多いほど早く中毒症状が出現する。大量曝露の場合は大体一〜四時間、より少量では約八〜一二時間で発症する。なかには二四時間後になって症状が出てくることがある。一般に上気道刺激症状が強い症例ほど、あとで肺水腫をきたすことが多い。初発症状がなくても、一二時間後に肺水腫をきたした例も報告されている。肺水腫は通常、吸入後一二〜二四時間で極期に達する。

主要症状、すなわち肺水腫の症状として、息切れ、呼吸困難、胸部圧迫感、せきなどがまず出現する。また、不安、不眠を訴え、不穏状態となることがある。皮膚は蒼白となり、チアノーゼを呈する。循環血液量の減少にともない、脈拍数は徐々に増加し、微小でときに不整となる。呼吸数も増加する。せきも頻回となり、痰も増加する。痰は泡沫状で、淡紅色から深赤色までさまざまな色調を呈する。胸部の聴診で喘鳴（ぜいめい）や水泡性ラ音が明確に聴取される。

予後は、ホスゲンの曝露濃度と期間によって決まる。顔面蒼白や頻脈をきたすものは、生命に対して予後は不良である。チアノーゼと低血圧も予後不良の徴候である。とくに重篤な場合は、肺水腫をきたす前に死亡する。大量曝露では数分で死亡する。これは喉頭（こうとう）痙攣による。通常は肺水腫で死亡することが多い。致死例についてみると、たいてい二四時間以内に死亡している。二四時間以上生存した例は予後は良好である。四八時間以内に回復が始まる。一般に徐々に回復する。完全な回復には数週から数ヵ月を要する。感染症の合併がなければ、おおむね後遺症を残さず回復する。

診断

ホスゲン中毒の診断では、まず曝露を受けたことを証明するデータが必要である。そのためには、ホスゲン用の検知管を用いる。ホスゲンは拡散しやすいので、曝露地点に残留することはまずない。

ホスゲン中毒で主体となるのは、肺水腫である。肺水腫の症状として、呼吸困難、胸部聴診での断続性ラ音やチアノーゼがあげられる。肺水腫の診断には胸部X線検査が最も有用である。胸部X線は曝露から少なくとも二、四、八時間後に定期的にとることが推奨されてきた。血液ガス分析では低酸素血症が認められる。

治療

ホスゲンはその物理的特性からみて、残留することはないので、汚染除去の必要はない。ホスゲンを吸入した場合、ただちに患者を新鮮な空気のもとに移し、汚染された衣服を交換する。ホスゲンの曝露が明らかな場合は中毒とみなし、治療を進めるべきである。まずは、安静を命じ、保温に努める。ホスゲン中毒では、肺水腫の予防と治療に重点をおく。実際にはまず酸素を吸入させ、呼吸管理を行なう。肺水腫に対しては、アミノフィリンや副腎皮質ホルモンを使用する。肺水腫の最も有効な治療法は陽圧呼吸である。

4　暴動鎮圧剤

暴動鎮圧剤は、催涙ガスとしても知られている。

この暴動鎮圧剤にはさまざまなものがある。なかでもCSとCNが有名である。CSは、正式にはO－クロロベンジリデンマロノニトリルであり、白色の固体である。CNは、正式にはクロロアセトフェノンであり、白色の固体である。

暴動鎮圧剤は、第一次世界大戦前にはパリ警察が暴徒を追い払うためによく使用していたことで有名である。第一次世界大戦が始まったとき、最初に採用された化学兵器である。フランス軍は暴動鎮圧剤を使用して、小競り合いに勝利をおさめたといわれている。しかし、その効果が目立たなかったため、ドイツ軍はフランス軍がそれを使用していることにほとんど気づかなかった。

第一次世界大戦中に、約三〇もの暴動鎮圧剤が開発された。しかし、より強力な化学兵器が登場したために、それらが使用されることは少なくなった。第一次世界大戦後は、CNが軍や治安当局によってさまざまな目的で使用された。

しかし、一九二八年にコーソンとスタウトンによって、より強力であるが毒性の少ない暴動鎮圧剤が開発され、CSと名づけられて以来、このCSが主力となった。

今日CNは、護身用のスプレーとして購入できる。一方CSは、数多くの国々の軍隊で防毒マスクの訓練用に使用している。ヴェトナム戦争中には、米軍は地下壕に隠れた敵を追い出すために大量に使用したとされている。

CNやCSなどの暴動鎮圧剤の効果は、速やかに出現する。曝露後、数秒以内に眼や鼻などの粘膜や皮膚に刺激症状が起こってくる。

これらの物質に対しては、眼が非常に鋭敏であり、焼けるような、刺すような痛みを訴える。涙も吹き出すように出てくる。結膜も激しい充血をきたす。眼瞼も腫脹し痙攣が起こるため、眼を開けることができなくなる。そのために視覚が損なわれることもある。しかし、徐々に開眼できるようになる。

鼻や咽頭には焼けるような感じを生じる。くしゃみ、鼻水が出るようになる。

上気道への影響として、せきとともに、息切れ、呼吸困難や胸部圧迫感をきたす。気管分泌液が増加する。皮膚では曝露を受けた部位に疼痛や灼熱感が起こる。通常発赤が出現する。これらは一時間くらい持続する。気温が高く、皮膚が湿っている場合、皮膚の症状が強く出る傾向がみられる。この際には、皮膚の刺激症状が強く出て、火傷をきたすこともある。皮膚の発赤や水疱が四～六時間と遅れて出現し、八～一二時間くらい続くことがある。

この暴動鎮圧剤に対する不安やストレスのため、一過性に血圧の上昇や脈拍の増加をみる。密閉した部屋で高濃度のCNを吸入した場合、死亡することもある。人によっては暴動鎮圧剤に過敏なことがあり、重篤な症状をきたす。この場合、気管支痙攣が起こり、呼吸困難をきたす。

暴動鎮圧剤の作用は一過性である。新鮮な空気のもとに移すと、まもなく回復する。通常、応急処置は必要ない。治療として特殊なものはない。眼は水や生理的食塩水で洗う。温湿布も効果的である。一般に症状はとくに治療しなくても消失していく。

衣類の上にかかった粉末は取り除くべきである。これには細心の注意を払う必要がある。曝露された患者から救助隊員が再曝露されることもある。

5　無能力化剤

無能力化剤とは、中枢神経系に作用し、一時的に著しい精神異常を引き起こすことにより、戦列を離脱させることを目的とした化学物質をいう。無能力化剤は精神錯乱ガスとも呼ばれている。ヒトに精神錯乱状態を起こすために化学物質を用いることは、古代から行なわれてきたことである。この際は、チョウセンアサガオのような植物が用いられてきた。

紀元前一八四年、カルタゴのハンニバルの軍隊は、敵の軍隊に精神錯乱状態を起こすためにベラドンナの根を用いたと言い伝えられている。一六七二年、ドイツのミュンスターの司教は、オランダのフローニンゲン市の攻撃にベラドンナを入れた手榴弾を使用した。一九〇八年、ヴェトナムのハノイに駐留していたフランス兵二〇〇名が、何かの植物で集団中毒を起こし、一時的に精神錯乱状態となり、幻覚を体験したという。

兵器化されたBZ

第二次世界大戦後、アメリカ軍は非致死性で、一時的に著しい精神異常を起こす無能力化剤を探していた。こうして選びだされた可能性のある物質として、d-リゼルグ酸ジエチルアミド、つまりLSD（白色・無臭の結晶）、マリファナの誘導体、抗コリン作用（アセチルコリンの作用を阻害する作用）のあるいくつかのグリコール酸塩、いくつかの精神安定剤であった。この中でとくに注目されたのが抗コリン剤の一つであり、グリコール酸塩である3-キヌクリジニルベンジラートである。これは幻覚など精神症状を一時的に強く起こすので、無能力化剤として有望であるとし、北大西洋条約機構（NATO）はそれにBZというコード名をつけた。そして一九六〇年代に戦場で使用するために兵器化された。

BZは一九六六年一月から三月にかけてヴェトナム戦争で使用された。しかし、これは自軍の兵士にも大きな影響を及ぼすことがわかってきたので、化学兵器としてあまり有用でないとみなされ、アメリカはBZを充塡した砲弾などを一九九〇年に全部廃棄してしまった。

一九九八年二月、イギリスの国防省は、イラクがBZもしくはそれに似た無能力化剤を大量に保有していると非難する情報を公表した。さらに一九九八年にはユーゴスラヴィアの民兵部隊が、ボスニアの難民に対してなんらかの無能力化剤を使用し、幻覚や理性を欠いた行動がみられたと報道された。

かつては無能力化剤としてLSDが大いに注目され、もてはやされたことがある。今日では、最も代表的な無能力化剤はLSDではなく、より強力なBZなのである。

BZとは何か

BZの化学名はベンジル酸-3-キヌクリジニルで、アトロピン、スコポラミン、ヒヨスチアミンと関連がある、抗コリン作用のあるグリコール酸塩である。常温では白色の無味、非刺激性の無臭の結晶で、水溶性である。実際に生物兵器として使用される場合は、吸入用のエアロゾルにされる。皮膚吸収用にDMSOやプロピレングリコールのような溶剤に溶かすこともある。皮膚からもよく吸収される。

BZの曝露を受けてから実際に症状が出るまでの潜伏期間は三〇分から二四時間とさまざまであるため、曝露を受けても気づかないことが多い。BZで五〇%の症例に無能力化を起こす量は一一二mg/分/m³であるとされている。

症状

ＢＺは、アトロピンの二～三倍も作用が強いため、それに似た中毒症状が強く出る。すなわち瞳孔は散大し散瞳をきたす。自覚的にはまぶしさや眼がかすんで見えると訴える。口が乾き口渇を訴える。脈拍は最初は増加し頻脈が出現してくる。ＢＺの量が増えてくると、脈拍は減少してくる。排尿困難が起こることがある。

中枢神経系への影響として、ＢＺの量が増えてくると、意識レベルが低下してくる。最初は眠気が起こるが、やがて意識障害が著明となり、昏睡状態となることがある。被害者は、時間や場所がわからなくなってくるし、判断力や思考力が低下してくる。その他、集中力は低下し、記憶力も落ちてくる。抑制がはずれ、下品な行為をすることがある。わずかな量でも、明らかな陶酔感から深い絶望感までの気分の変調をもたらす。混乱するような質問にもためらわず答えるようになる。言語は不明瞭となり、意味のない言葉を喋（しゃべ）るようになる。言葉の抑揚がなくなり、単調となる。書字も困難となってくる。運動失調も起こる。無意識の運動も起こり、衣服を脱いだり、口をもぐもぐしたり、突いたり、引っ張ったり、握りしめたりする。中枢神経症状として、幻覚や妄想が起こる。

ＢＺによる幻覚の内容はリアルなものである。とにかく、この物質は著しい精神異常をきたすことが特徴である。大量では著しい幻覚を生じ、犠牲者は自分が誰であるのか、また自分が何をしようとしているのかわからなくなってしまう。戦略的には、命令を認識したり、遂行できなくなり、モラルの障害から、著しい場合は規律の完全な崩壊が起こる。

これらの精神症状は、二～四日で回復する。

治療

一般には、とくに治療しなくても回復する。フィゾスチクミンの静脈注射が有効であるとされている。防毒マスクは、呼吸器からの吸入の防護には有効であるが、皮膚の防護のためには特殊な防護衣が必要である。

応急処置として、興奮して手がつけられない場合は、まずしっかりと拘束する。身のまわりの危険なものは除いておくべきである。

6　血液剤

化学兵器としては、二種類のシアン化物、シアン化水素（青酸）と塩化シアンが使用される。軍事的には、これらはかつては「血液剤」と呼ばれてきた。

シアン化水素は、一七八二年スウェーデンの化学者シェーレによって発見された。これは非常に毒性が強い化学物質として長い間恐れられてきた。

毒性が注目されるシアン化物

二〇世紀に入ってからシアン化水素の毒性は軍事的に大いに注目されるようになった。第一次世界大戦においては、フランス軍はこれを化学兵器として実用化し、砲弾に詰めてドイツ軍を攻撃した。フランス軍は総計約四〇〇〇トンものシアン化水素を使用したとされている。イギリスもシアン化水素砲弾をつくった。しかし、シアン化水素は砲弾に詰められる量が限られていたことと、戦場では速やかに拡散してしまうために、軍事的効果はほとんど得られなかった。

第二次世界大戦中は、ドイツがアウシュヴィッツなどの強制収容所でこれを使用した。当時使用された「チクロンB」から発生したガスは、じつはシアン化水素であった。このシアン化水素を用いてユダヤ人の大量虐殺が行なわれた。

一方、日本軍は化学兵器として、シアン化水素に大きな期待をよせていた。シアン化水素を小さなガラス瓶に入れて、「ちゃ瓶」という対戦車用の手投げ弾をつくっていた。実戦にはどのような効果があったのかわからない。シアン化水素は、シアン化ナトリウムなどと強酸を混ぜることにより容易につくることができる。

オウム真理教のテログループは、地下鉄サリン事件ののち、東京の地下鉄茅場町駅とJR

新宿駅のトイレの中でシアン化水素を発生させようとしたが、幸いにして、シアン化ナトリウムと硫酸の二つの化学物質を混ぜ合わせる装置が発見されたので失敗に終わった。

毒性

シアン化物はシアン化水素でも塩化シアンでも、一般に非常に致死性の強い化学兵器と考えられてきた。しかし、化学兵器としては実際は戦略的効果は少ない。被曝したヒトの五〇%を殺すとされているシアン化水素の濃度、つまり半数致死ガス濃度LCt_{50}は、二五〇〇～五〇〇〇mg／分／㎥であり、塩化シアンのLCt_{50}は、約一万一〇〇〇mg／分／㎥とされている。

シアン化水素も塩化シアンも非常に揮発性の高い液体である。それらは速やかに蒸発し、蒸気やガスとなる。シアン化水素蒸気は空気よりも軽いので、地面より浮き上がる。このシアン化水素は苦いアーモンド臭を感じることがある。

塩化シアンの蒸気は空気より重いので、窪地（くぼち）や地下室に溜まる。シアン化物は揮発性が高いので、ほかの化学兵器に比べて同様の効果をあげるには、どうしても大量に使用しなければならないし、拡散しやすいので、屋外で使用するのはあまり理想的ではない。閉鎖された場所では、もちろん有用であることはいうまでもない。

シアン化物は、呼吸器を通して吸収される。体内に吸収されるとシアンイオンとなり、それは、全身の細胞内に入り、細胞に死をもたらす細胞毒となる。その理由は、細胞の中のミトコンドリア内にある呼吸酵素チトクロームオキシダーゼの鉄と結合するからだ。チトクロームオキシダーゼは細胞内の酸素利用に関与しているので、この結合によって、ミトコンドリア内の酸素代謝が阻害される。つまり酸素は供給されるが、細胞組織がこれを利用できない状態となる。

その結果、全身の組織は酸素が欠乏した状態、つまり酸欠症となり、乳酸の増加や重症の代謝性アシドーシスをきたす。そのため、酸素は血液の中に残り続けることとなる。動脈中の血液は赤みを帯びたままであり、通常は皮膚上からみると青くみえる静脈血も赤みがかってみえる。とにかく細胞は酸素を使用できないので、酸素なしで代謝に転じることになり、アシドーシスが起こる。脳は酸素なくしては、活動できないので、酸素が欠乏すると脳の障害が真っ先に起こる。

症　状

シアン化物は低濃度・短時間の曝露では、ほとんど人体に著しい影響はない。塩化シアンの場合は、曝露されると速やかに眼、鼻、上気道に刺激症状が出現する。これらの影響は、暴動鎮圧剤とほとんど区別がつかない。少量の曝露では、他覚的に異常所見はみられないし、症状も新鮮な空気のもとに移すと消失してしまう。

シアン化物の中等度の曝露では、いずれの場合も、吐き気、めまい感、脱力感、不安が起こる。呼吸は最初は速くなる呼吸促拍が起こる。大量曝露では、シアン化水素でも塩化シアンでも、重篤な症状が出現してくる。この際は、数秒以内に意識が消失する。一五秒以内に呼吸数が増加し、三〇秒以内に痙攣発作が起こり、二〜四分で呼吸が停止し、四〜八分で心停止が起こるとされている。非常に高濃度の場合は、短時間曝露でも、急速に意識が消失し、わずか数秒で死亡する。神経剤と同様に、低濃度でも数分間以上曝露されると重篤な症状が出現するようになる。

シアン化物は、延髄（えんずい）にある呼吸中枢に作用するので、死因は結果として呼吸停止ということになる。

戦場で化学兵器の攻撃を受け、意識の消失、痙攣発作、呼吸停止がみられた場合、シアン化物で痙攣発作が起こっていても、神経剤の曝露の際とは異なり、瞳孔は正常か散大しており、鼻水や唾液などの過度の分泌もなく、筋の線維束収縮もみられない。皮膚は鮮紅色をしており、呼吸促拍がみられ、痙攣発作があり、乳酸アシドーシスがあれば、シアン化物を疑うことになる。

確定診断には、血中のシアン化物の測定が重要である。血中濃度が、〇・五〜一・〇μg／mℓの濃度では軽度の症状が出現する。二・五μg／mℓ以上となると重篤な症状が出現し、昏睡や痙攣発作が起こり、死亡する。

防毒マスク、手袋、防護衣を着用し治療にあたる。

治　療

シアン化物中毒の治療法は確立している。問題は、いかに迅速に診断し、いかに迅速に治療を開始するかによる。少しでも治療が遅れると死につながる。一方では、早急に適切な治療をすると劇的な治療効果が得られることはいうまでもない。

患者が昏睡状態で、しかも自発呼吸がなく、いかに重症にみえても、心臓の停止がなければ、救命の可能性は残されているのである。この際には、とにかく呼吸管理がなによりも重要である。まず気道を確保し、酸素を吸入させる。場合によっては気管内挿管を行なう。そして解毒剤の投与を開始する。解毒剤としては亜硝酸アミルとチオ硫酸ナトリウムの併用療法が古くから使用されてきた。心停止をきたしている例でも、積極的に心肺蘇生術がなされてきた。

BOX⑥ チクロンBによるホロコースト

第二次世界大戦でドイツ軍がポーランドを制圧したのち、一九四〇年二月、ナチ親衛隊の隊長ヒムラーは、捕虜やユダヤ人などの収容所の建築用地として、ポーランド南部で、チェコスロヴァキアの国境に近い荒涼とした湿地帯であるアウシュヴィッツに着目し、そこにまず基幹収容所を建設した。この建物の本来の目的は、人造ゴムなどを製造するI・Gファルベン社の化学工場を建設し、囚人たちを就労させるための強制労働収容所であった。それが一九四〇年五月に、ヒトラーの側近ヘスがアウシュヴィッツ収容所の初代所長に着任したときから様相が変わった。当初ポーランドの政治犯やソ連軍の捕虜などを中心に収容していたものから、ポーランドからの三三〇万人をはじめ、西部ロシアから二一〇万人、さらにチェコスロヴァキアから九〇万人、ハンガリーから六五万人、ルーマニアから六五万人など、東ヨーロッパ系のユダヤ人を主体とした収容所に変わっていったのである。

そしてアウシュヴィッツ収容所の建設から一年後の一九四一年一〇月には、アウシュヴィッツから三キロメートルしか離れていないピルケナウにも巨大な第二収容所が建設された。それは親衛隊隊長ヒムラーが一九四一年三月一日、アウシュヴィッツを視察した際、ヒトラーの命令である「ユダヤ人問題の最終的解決」をできるだけ早急にしかも完全に遂行するために施設を拡充したものであった。そのほかに親衛隊は、強制労働を目的とした収容所をアウシュヴィッツを中心とし、六〇キロメートル範囲内に三〇ヵ所以上も建設した。

一九四二年一月、ヒムラーは「ユダヤ人問題の最終的解決」を実行する総責任者になった。そこでヒムラーは、ユダヤ人の絶滅計画を親衛隊に作成させたうえ、ただちにユダヤ人に対する集団殺戮を遂行することとなった。しかし、なかなか有効な手段は見つからなかった。通常の機関銃や自動小銃を用いた銃殺などの手段では、大量殺戮は大変むごたらしく煩雑（はんざつ）であった。なにか有毒なガスを使うことが推奨されたが、実際には何が有効な物質であるかまったく見当がつかないままであった。トレブリンカなどの強制収容所では、すでにトラックや戦車のディーゼル・エンジンからの排気ガスである一酸化炭素を曝露し大量殺戮が行なわれた。

前年の四一年にアウシュヴィッツ収容所において、たまたま親衛隊の幹部一人が、殺虫剤として備蓄されていたチクロンB（一九二三年、ドイツ害虫駆除有限会社が発売）を大量殺戮の手段として用いることを思いついた。この方法は、アウシュヴィッツ収容所の所長ヘスによって、すぐに実行に移された。

ヘスは一九四二年の夏頃、九〇〇人ものソ連軍捕虜を集団殺戮したときの模様を次のように証言している。「ロシア人はまず、前室で服を脱ぎ、全員おとなしく屍体室に入った。虱(しらみ)を駆除するからといわれていたからである。グループ全員が、完全に屍体室に入りきると、ドアが閉められ、開口部からガスが噴出した。この殺害にどれだけ時間がかかったか、私は知らない。しかし、なおしばらくの間、うめき声が聞きとれた。噴射の際、少数のものがガスだと叫び、ものすごい叫びが聞こえ、ドアにどっと人がぶつかってきた。何時間かたって、ドアが開けられ、排気が行なわれた。私がうず高い屍体の山を見たのは、それが初めてであった。私は苦しみもがく窒息のさまを思い描いていた。だが屍体には、痙攣のあとさえ全くみられなかった」(ヘス、一九七二、以下同)。初めの頃は、チクロンBの犠牲者はソ連軍捕虜であったが、一〇月以後は、ユダヤ人の抑留者がいくつもの集団に分けられて、これで処分されるようになった。

またヘスは、ユダヤ人のガスによる大量殺戮の状況についても、次のような生々しい証言をしている。ガス室に入れる場合、「最初、女と子供がガス室に入り、次に男が入った。男たちの数はいつも少なくした。また、特務班の四人たちが、不安がったり殺されることに感づいたものたちを、すぐにその場から連れ去ったため、混乱は起きなかった。さらに用心のため、つねに特務班の囚人と親衛隊員が一人ずつ、最後の最後までガス室に残っていた。それからドアが素早く閉められると、待機していた消毒係がすぐに天井の通風孔からガスを送り込んだ。ガスは換気孔を通って床までおりた。ガスを循環させるにはこの方法が一番早く、中の様子はドアののぞき窓から観察された。通風孔の近くにいた者はすぐに死んだ。三分の一は即死に近かった。残りの者はよろめきながら、悲鳴をあげはじめ、喉をかきむしってもがいた。やがて悲鳴はゼーゼーとあえぐ音に変わっていき、数分もすると、全員がたおれたまま動かなくなった。遅くとも二十分後には、誰もぴくりとも動かなくなった」。

ヘスは、医師でも化学者でもなかったが、チクロンBを導入した当事者であり、そのヒトへの影響について強い関心をもっていたので、恐るべき証言を残したのである。

このチクロンBの本体となる主成分は、青酸ガスつまりシアン化水素である。チクロンBは、このシアン化水素を珪藻土（けいそうど）に吸着させ、固形化して粒状とし、保存したものであった（図12）。チクロンBはブリキ缶やビンに詰め、密閉されていた。粒状のチクロンBをガス室の天井や壁からふるい出してばらまき、体温により室温が上昇してくると、少しずつ中のシアン化水素が気体となって拡散するように工夫されていた。室内にガスが充満すると、五分ほどで全員が死亡する。約二〇分後に換気扇が作動し始め、ガスが

図12　チクロンBの粒子．この中からシアン化水素が出てくる．

室外に排出される。その後、死体処理の特別部隊が作業を始める。このようにして、シアン化水素によるユダヤ人の大量殺戮が行なわれたのである。

多いときには一日に一万七〇〇〇人が、このガスで〃効率的に除去〃された。ビルケナウ収容所には、ガス室が四室あった。どのガス室もシャワー室に似たつくりで、一日に六〇〇〇人を殺す能力があった。

一九四五年一月二五日、ソ連軍の侵攻が間近となったため、ドイツ軍はアウシュヴィッツ収容所もビルケナウ収容所も施設を完全に破壊し、ユダヤ人虐殺の機能は停止した。二つの収容所が開設されて以来一九四五年一月までに、チクロンBによる死者は少なくとも四〇〇〇万人にのぼるとされている。

第二次世界大戦中に起こったアウシュヴィッツやビルケナウ収容所でのユダヤ人大量

殺戮ホロコーストは、密室でシアン化水素を大量に曝露した無差別大量殺人事件として、人類史上最も恐るべき犯罪であったといえる。

第四章　生物兵器の歴史と不気味な近未来

生物兵器とは何か

生物兵器は、ヒトを殺すか長期間無力化するために用いられる病原微生物と、生物から抽出された毒素をいう。毒素の場合は、効果は比較的小範囲に限局されるが、発病までの潜伏期間は短い。それに比べて細菌やウイルスの効果は、かなり広範囲に及ぶ。そのかわり潜伏期間は長いことが多い。生物兵器は効果によって、ヒトを無能力化するもの（この場合は死亡率は低い）と致死的なものに分かれる。

生物兵器になりうる必要条件として、ヒトへの感染力が高いもの、散布あるいは曝露して安定していることが重要である。生物兵器は、液体や乾燥状態に加工されたものが使用されてきた。スラリー型、つまり懸濁液状の生物兵器は、容易に製造でき、兵器化することは簡単であるが、これを粒状の小さなエアロゾルとして空中に散布するのにさまざまな工夫が凝らされてきた。しかし、乾燥してエアロゾル化された生物兵器をつくる工程は複雑であり、精巧な技術と機器が必要とされる。このように加工されたものは、どんな器具でも容易に散布されうる。

ここにテロリストたちがつけ込む余地があるのである。

生物兵器の歴史

生物兵器がいつ頃から使用され始めたかは明確にはできない。その理由は、何をもって生物兵器とみなすか、またそれが生物兵器であったとしても、実際に使用されたか否かは、十分資料がないのでなかなか立証できないからだ。

それにしても生物兵器が有史以来使用されてきたことは間違いない。初期の生物兵器は、「生（なま）のものそのもの」が用いられたようである。

紀元前三〇〇年頃、ギリシャ人は動物の死体を井戸水や敵の飲料水の水源に投げ入れることをすでに行なっていたとされている。その後、ローマ人やペルシャ人も同じ戦略を用いていた。伝染病という疾患の概念が明確にされていない時代では、とにかく悪臭のするものが有毒とされ、それが戦略的に有効であるとみなされていたふしがある。

一一五四年、神聖ローマ帝国のイタリア遠征でのトルトーナの戦いでは、皇帝バルバロッサ（フリードリヒ一世）は、動物と同じように死亡した兵士の死体を井戸水に投入するという新たな戦略に出た。一一七一年のヴェネチアとジェノヴァの抗争では、ラグーザ攻撃の際に、汚染された井戸水が原因で伝染病患者がたくさん出たためにヴェネチア艦隊は撤退せざるをえなくなった。

また、一三四四年には、ヴェネチアが支配していた黒海沿岸の貿易港カーファ（現在はウクライナのフェオドシア）をタタール人が攻撃してきた。その際、攻撃側のタタールの軍隊にペストが発生した。タタール軍は、ペストを流行させるべく病死者の死体をカタパルトで市内に投げ入れて、災いを福に転じようとした。カーファ市内にペストが流行し、ヴェネチア軍は退却した。ペストに感染した難民（そしておそらくネズミも）を乗せた船が、コンスタンチノープル、ジェノヴァ、ヴェネチアその他の地中海の港に入り、ヨーロッパでペストの大流行が始まった。この病死者の死体がペストを広めたのか、ネズミとそれに寄生していたノミがたまたまカーファに入っていったのかはわからない。

一七一〇年、スウェーデンのカール一二世のロシア遠征では、スウェーデン軍の守るエストニアのレバル市で、ロシア軍はペストで死亡した兵士の遺体を要塞内に投げ込んだ。これが死体で攻撃した最後の例といわれている。

一八世紀、北米におけるイギリスとフランスとの植民地戦争では、死体で攻撃するのではなく、"感染を媒介するもの"で攻撃することが行なわれるようになった。一七六三年頃、イギリス軍とフランス軍との熾烈な戦闘が続いていた。両軍はいずれもアメリカ先住民を味方につけて代理戦争を行なっていた。西部戦線でイギリス軍が保持していたペンシルヴァニアのピット要塞が危機に陥ったとき、イギリス軍総司令官アマーストは、イギリス軍に反抗的となっていた先住民を減らす目的で、痘瘡ウイルスを使用することを思いついた。早速、部下のエキュアー大尉が六月二四日、痘瘡病院から持ち出した毛布二枚とハンカチ一枚を先住民に贈った。その結果、当地では翌年春まで、痘瘡が猛威をふるい、先住民におびただしい死者が出た。この作戦は大いに効果があったかもしれないが、当時は入植者と先住民との交流もあったので、入植者からの感染の可能性もある。

一七七五年から始まったアメリカの独立戦争でも、痘瘡ウイルスが生物兵器として功を奏した。この際は、攻撃用でなく防御用に用いられたのである。種痘を受けたイギリス軍は、それを受けていなかった入植者に大きな打撃を与えた。これでイギリス軍は数年間は優位に立ったという。総司令官ワシントン（のちの初代大統領）もこれに気づき、アメリカ人に種痘を推奨した。

ソ連において生物兵器開発計画が始まったのは一九二〇年代のことである。その当時は、低空用の飛行機に農薬噴霧器を取り付け散布するという幼稚なものであった。第二次世界大戦後には、爆薬を積んだ爆撃機が生物兵器庫に加えられた。

731部隊の生い立ち

生物を兵器として本格的に実戦投入するための研究を最初に開始したのは、日本であった。細菌学者であった石井四郎軍医中将は陸軍省幹部を説得してまわり、一九三二年の満州国建国前後に、ソ連に近い満州東北部のハルビンの東南約一〇〇キロメートルにある背陰河に最初の部隊「加茂部隊」をつくった。これは生物兵器用の感染力の強い病原体を見つけだすために人体実験をする目的でつくられたものである。これは、さらに大がかりの研究機関である731部隊をつくるための試験的な組織であった。この加茂部隊の経験から、人体実験が有効であり、中国ではそれが可能であることが確かめられたため、一九三六年に、正式に関東軍防疫給水部（東郷部隊、一九四一年より731部隊）が発足した。

　この組織の主な任務の一つは、人体実験を行なうことであった。常石敬一神奈川大学教授によると、スパイ容疑で逮捕したロシア人、朝鮮人、中国人などを対象として、ペスト、コレラ、流行性出血熱、腸チフス、炭疽、赤痢などの人体実験が数多く行なわれていたという。そして石井は、一九三九年五月に起きた、日本の傀儡国家である「満州国」およびモンゴルとソ連の間に横たわる東部国境線をめぐる紛争、すなわちノモンハン事件を、生物兵器の効果を試す絶好の機会であると考えていた。彼は関東軍幹部を説得し、ソ連軍が水源としていたハルハ川支流のホルステイン川に腸チフス菌、コレラ菌とサルモネラ菌を投入することが検討され、まずこれらの菌を培養し、大量に生産した。そして八月二〇日頃に、その培養液をいれたガソリン缶の中身を川に流したのである。その作業中にある軍曹が培養液を頭から浴びてしまった。彼はすぐに陸軍病院にいれられたが、腸チフスで死亡した。したがって彼

	ノモンハン作戦	寧波作戦	常徳作戦	浙贛作戦
出動期間	1939.8	1940.7～12	1941.11	1942.7～8
出動場所	ノモンハン	杭州～寧波	南昌	杭州・金華
出動人員	40～50名	100名	40～50名	160名
使用細菌	腸チフス	ペスト・腸チフス コレラ	ペスト	ペスト・腸チフス パラチフス・コレラ・炭疽
散布方法	川に流す	上空からまく	上空からまく	上空からまく

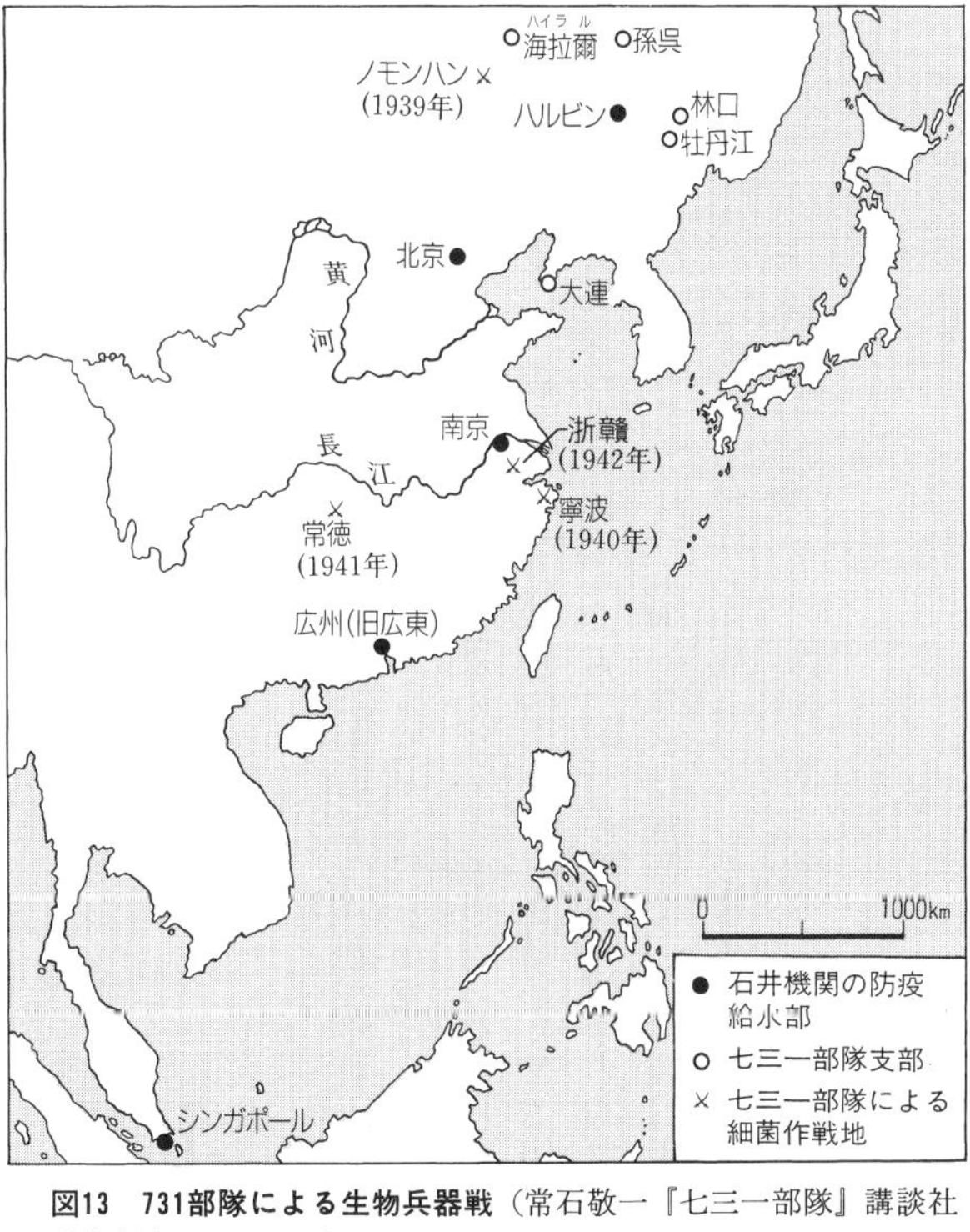

図13　731部隊による生物兵器戦（常石敬一『七三一部隊』講談社現代新書，1995より）

らが流したのは腸チフス菌であったと考えられている（図13。常石、一九九五）。

このノモンハンでの731部隊による生物兵器攻撃は、まさに生物戦の先駆けであった。これから731部隊は公然と生物戦を展開していくことになる。

生物戦の始まり

これが文字どおり生物戦の開幕であり、近代戦において生物兵器を実戦で使用した最初の経験であった。この結果、戦略的にどの程度の成果が得られたかは明らかではない。

一九四〇年、731部隊は、低空飛行の飛行機から細菌をまく生物戦を本格的に開始した。南京や上海近くのいくつかの都市を、実際にペストに感染させたノミを詰めた陶器爆弾を投下して攻撃した。そのうちの最大の規模のものが、一〇月二七日の寧波（ニンポー）に対する攻撃であった。この攻撃で寧波においてペストが流行した。一九四一年には常徳で、一九四二年には南京の近くで、ペスト菌に感染させたノミを飛行機から噴霧し多くの被害者が出た。こうして731部隊は終戦までつぎつぎとさまざまな生物兵器を実戦に使用していったのである。

連合国側の対応

アメリカは一九四二年頃から、日本軍が満州で生物兵器に関する研究を始めており、それを実戦に使用しているという情報を、押収した文書や捕虜たちから得ていた。一九四五年の終戦頃までには、日本軍の細菌兵器工作の実態を把握していた。

終戦後、ただちにアメリカは、生物兵器研究所のあるキャンプ・デトリックから日本に細菌学者を派遣して、731部隊の関係者たちを尋問し、生物兵器に関する研究資料や生物戦の成果に関する報告書を入手した。731部隊関係者たちは、戦争犯罪責任の告発をまぬがれる代償として、自分たちの行なってきた研究の詳細を告白した。その報告書を知ったアメリカ政府は、大きな衝撃を受けた。しかし、アメリカ政府は、これらの報告書を極秘にしておくという判断をくだした。その理由は、日本軍が生物兵器でかなりの戦果をあげていたということが公表されると、他の連合国が大いに関心を示し、731部隊に関する情報を必死で入手しようとすることを非常に恐れていたからである。それと、アメリカ自体が極秘に行なってきた生物兵器に関する研究までも公表せざるをえなくなるという危機感が強まったからでもある。

アメリカ政府は、日本軍による生物兵器はこれまで考えられてきた以上に大がかりに、大量につくられ、実戦に投入され、きわめて戦略的価値があったという確信を強めた。そこで、キャンプ・デトリックを拡充してフォート・デトリックとし、ユタ州のダグウェイに生物兵器実験施設をつくった。イギリス政府も生物兵器に対する事態を重視し、ポートンダウンの実験研究施設とスコットランドのグルイナード島の施設の拡充を決定した。

一九四五年、ソ連の生物兵器開発は大きな転機を迎えた。それは、ソ連軍が満州国のハルビン郊外の平房（へいぼう）に本拠をおいた７３１部隊の名で知られている関東軍防疫給水部隊を占領したからである。スターリンは、この部隊が何をしていたかすぐに理解し、研究資料を徹底的に押収し、７３１部隊関係者の身柄を確保し、ハバロフスク裁判を通して多くの重要な証言を引き出した。そして大がかりな生物兵器研究プロジェクトを立ち上げる決定をくだしたのである。

第二次世界大戦以後

スターリンは秘密警察長官ベリヤに命じて、７３１部隊の研究所に匹敵するもの、あるいはそれをしのぐようなものをつくるよう指示した。こうして一九四六年、第二次世界大戦が終結した翌年、はやくもスヴェルドロフスクに大がかりな陸軍生物兵器開発施設が稼働し始めた。その建設には、日本軍から押収した設計図がもとになったといわれている。こうしてソ連は、生物兵器開発研究の最先進国となっていったのである。一九五〇年代後半までに、生物兵器のあらゆる研究施設が、ソ連国内のいたるところにつくられていった。施設の多くは、軍とのかかわりをカムフラージュするために、都市や町の中心部に建設された。これらの研究施設は競って続々と研究成果をあげていった。

ヴェトナム戦争では、アメリカは一九六二年から一九七二年まで「枯葉作戦」を行なった。これはC123型輸送機から大量の除草剤（枯葉剤）を広範に散布したものである。ここで使用された除草剤は、2・4Dと2・4・5Tが主体であるとされてきた。これは名目上は、ジャングルの中のマラリアを媒介する蚊や蛭を駆除するとされていたが、主な目的はジャングルに隠れたヴェトナム兵を追い出すための戦略であったといわれている。これはジャングル全体を枯らすのみならず、地域の果樹や農作物まで生態系を徹底的に破壊したのである。この作戦では、2・4Dや2・4・5Tのほかに、ヒ素化合物、DNOCやDNBTも散布されたという。これらの化学物質によるヒトへの影響では、とくに次世代への影響、内分泌攪乱作用、催奇形性が問題となった。この「枯葉作戦」は人類史上初めて、人間のみならず自然をも破壊の対象とし、しかも、ある程度それに成功した戦略であった。

除草剤の生態影響については、レイチェル・カーソンの『沈黙の春』（一九六二）に詳しく述べられている。

生物毒素兵器禁止条約とソ連の対応

このアメリカの行為は、世界中の世論の大きな反発を浴びた。結局、こうした世論の高まりによって一九七二年、「細菌兵器（生物兵器）及び毒素兵器の開発、生産、及び貯蔵の禁止並びに廃棄に関する条約」が国連で採択され、一九七五年に発効した。この条約を日本が批准したのは一九八二年のことであり、条約の実施に関する法律も施行された。この条約はそれらの生物兵器の使用だけでなく、生物兵器の研究や製造、貯蔵までも禁じた画期的な条約であった。

皮肉なことに、ソ連において本格的な生物兵器の開発・研究が始まったのは一九七二年、生物毒素兵器禁止条約に関する条項が承認された頃と時期を同じくする。米国をはじめとする西欧諸国に対抗する手段として、ソ連は秘密裏に生物兵器増産計画を進め、二〇年あまりの歳月をかけて、世界に類をみない大がかりな生物兵器の開発・生産を行なうバイオプレパラトという生物兵器用の大工業コンビナートをつくり上げていった。

バイオプレパラトは、モスクワ近郊やロシアのさまざまな都市からカザフスタン一帯に四〇ヵ所以上もの実験、製造施設を所有していた。そこには、数百トンにおよぶ炭疽菌や数十トンのペスト菌や痘瘡ウイルスが備蓄されていた。一九八九年にはモスクワの北部にあるザゴルスク生物研究センターと呼ばれる軍事施設に二〇トンを上回る冷凍された攻撃用痘瘡ウイルスが保管されていた。この痘瘡ウイルスは、鉄道や飛行機で分散して運べるようになっていた。さらにモスクワ東方約八〇キロメートルにあるボクロフという軍事施設にはミサイ

表4　危険な微生物・毒素の分類

A	ウイルス：クリミア・コンゴ出血熱ウイルス，東部馬脳炎ウイルス，エボラウイルス，ラッサ熱ウイルス，マールブルグウイルス，リフト渓谷熱ウイルス，南アメリカ出血熱ウイルス，ダニ脳炎ウイルス，痘瘡ウイルス，ヴェネズエラ脳炎ウイルス，ハンタウイルス，黄熱ウイルス
B	細菌：炭疽菌，ブルセラ属菌，鼻疽菌，類鼻疽菌，ボツリヌス菌，野兎病菌，ペスト菌
C	リケッチア：Q熱リケッチア，発疹チフスリケッチア，ロッキー山紅斑熱リケッチア
D	真菌：コクシジオイデスイミチス
E	毒素：アブリン，アフラトキシン，ボツリヌス菌毒素，ウェルシュ菌毒素，コノトキシン，ジアセトキシスキルペノール，リシン，サキシトキシン，シガトキシン，黄色ブドウ球菌産生腸管毒，テトロドトキシン，T-2トキシン

ル弾頭用の痘瘡ウイルスが備蓄されていたようである。

しかし、ソ連崩壊によって生物兵器開発事業は急速に縮小された。現在のロシアにおいては攻撃目的の軍事研究は廃止されており、備蓄されていた病原体はすべて廃棄されたと政府は主張している。しかし、ソ連のかつての研究者や技術は第三国に拡散しており、生物兵器の脅威はいまや国際的に増大している。生物兵器の研究・開発は、冷戦とともに終局を迎えたわけではない。病原体は安価に入手でき、容易に兵器化し、簡単に使用することができる。それらは近い将来かならず、われわれの生活を脅かすことになろう。

われわれは、アメリカで起きた炭疽菌事件を教訓として、改めて生物兵器への認識を深め、防御対策に真剣に取り組むべきである。原因究明のための機器の整備はもちろんのこと、治療マニュアルの確立、治療薬の確保も早急に検討し直すべきである。岩本愛吉東京大学教授（二〇〇三）によると、アメリカ保健省は、表4に示すような危険な微生物・毒素のリストを作成し、その保有や使用を報告するよう推奨しているという。

注目すべき生物兵器

一九九九年、アメリカの疾病管理センター（CDC）は、きわめて重要な生物兵器として、細菌では炭疽菌、ペスト菌、野兎病菌（やとびょう）、ブルセラ属菌、毒素としては、ボツリヌス菌毒素、ウイルスとして痘瘡ウイルスをあげている。さらに二〇〇〇年には、Q熱リケッチア、リシン毒素など一〇の生物兵器を追加した。

また、最近CDCでは、バイオテロリズムに用いられる可能性の高い重要疾患としてカテゴリーを設け、対策が図られている（表5。岩本、二〇〇三より引用）。カテゴリーAは、①ヒトからヒトへの高い伝染性、②高い致死率を有し、③公衆衛生上のインパクトが大きい、④結果として社会をパニックに陥らせる可能性があり、⑤国家の安全性に支障をきたす、などの観点から、公衆衛生上最優先の準備対応が必要だとされている病原体または毒素である。カテゴリーBは、①容易に伝染する微生物で、②中等度の伝染性を有するが、致死率は低い、③CDCの診断能力をとくに強化し、疾患サーベイランスを強化する必要があるものとされている。カテゴリーCは、①手に入れやすく、②生産と散布が容易で、③伝染性、致死率が高く、公衆衛生上のインパクトが増大する可能性があるものとされている。今後、遺伝子工学の手法が改変され、新たな脅威を生む可能性のある病原体などからなるカテゴリーDを設ける可能性も考慮されている（岩本、二〇〇三）。

生物兵器は、自然界に無限にある病原微生物あるいは植物から抽出した毒素が原料となるわけであるから、生物兵器候補はまた無限に存在するといえる。とくに病原微生物の場合は、

表5　注目すべき感染症のカテゴリー分類
（アメリカCDC）

カテゴリーA
1．天然痘
2．炭疽
3．ペスト
4．ボツリヌス中毒
5．野兎病
6．ウイルス性出血熱(エボラウイルスなど)

カテゴリーB
1．Q熱
2．ブルセラ症
3．馬鼻疽
4．類鼻疽
5．脳炎（アルファウイルス）
6．発疹チフス
7．毒素性ショック症候群（リシンなど）
8．オウム病
9．腸チフス
10．出血性大腸炎
11．コレラ
12．クリプトスポリジウム

カテゴリーC
1．ニパ脳炎
2．ハンタウイルス肺症候群
3．ダニ脳炎
4．黄熱
5．多剤耐性結核

岩本愛吉「バイオテロリズム―臨床上必須の感染症学的考察」『日本内科学会雑誌』92：127-132, 2003.

そのままでも大量に培養して使用できるが、これらが突然変異を起こして、病原性が高まることも少なくない。

杜祖健教授の著書『生物兵器――テロとその対処法』（二〇〇二）によると、近年は海産毒も各国で注目されているという。使われそうなものとして、テトロドトキシン（フグ）、サキシトキシン（ウチムラサキ貝）、ゴニヨートキシン（赤潮）、パリトキシン（スナギンチャク）、コノトキシン（イモガイ）がある。また、ヘビ、サソリ、クモなどの神経毒も古くから研究されてきた。

最近は、遺伝子組み換えによる生物工学の進歩は実にすばらしく、眼をみはるものがある。このような最新の技術が生物兵器開発の分野でも取り入れられ、従来とは違ったまったく新しい生物兵器が誕生しつつある。クローン技術は次のような方向で開発が進められている。

①抗生物質への高度耐性病原菌へ改良する。
②ヒトの毒素に対する免疫性を低くするように毒素を遺伝子工学技術で改良する。
③伝染性をより強くするよう改良する。
④毒性をさらに向上させる。
⑤体内への侵入をより容易にさせる。
⑥非病原性の微生物を病原性に変える。

⑦まったく新しい毒素をクローンでつくり、新型生物兵器をつくる。

杜教授によると、たとえば痘瘡のような、伝染性が強く死亡率の高いウィルスの遺伝子と、猛毒のタンパク質毒素の遺伝子を、プラスミドやバクテリオファージを仲介して細菌の遺伝子に導入し、それを増殖させれば、きわめて強力な人工毒を大量に生産できるようになる。また、猛毒のヘビ毒を伝染性の強いウイルスに組み込めば、強力な毒素を人体に侵入しやすくした新しいタイプの生物兵器ができあがる。生物工学では、新しい人工の毒をつくるだけでなく、既存の細菌やウイルスをより猛毒にしたり、治療しにくい種類にすることも、どんどん研究されている。生物工学でつくった毒素、ウイルスや細菌がいまではいちばん恐ろしいとみなされている。その理由は、人工的に大量に、しかもほとんど無限に近い種類の毒物を生産し、生物兵器にすることができるためである。もちろん、相手国がこの人工毒の構造を知らなければ、その治療法もなく、対応策もない。

最近、大きな問題となった重症急性呼吸器症候群（SARS）はまったく自然界由来のものか、なんらかのかたちで手を加えられたものかまだわからない。これは、二〇〇二年一一月に、中国の広東省で突然発生したとされ、その後旅行者などを通して世界中に広まった。流行のピークは翌年の四月から五月で、六月以降は各国での対策が効果を現わし、沈静化に向かった。二〇〇三年七月四日現在で総計三二ヵ国、死者八一二人、感染者八四三九人が出たため世界各国は対応におわれ、世界経済に深刻な打撃を与えた。

また一方、自然界に常在するありふれた病原微生物になんらかの遺伝子操作を加えて、治療に抵抗を示すものをつくったり、致死性を高めたりすることも技術的に容易となってきており、これらの人為性の生物兵器による危険性はますます高まってきている。世界中でなにか奇病が発生したら、常に人為的な生物兵器か否かを検索する必要に迫られている。とにかく生物兵器の候補は無限にあるのである。原料は容易に入手でき、ある程度の技術があれば、コストをかけずにつくれるところが不気味なのである。

オウム真理教による生物テロ未遂事件や、同時多発テロ時のアメリカで起きた一連の炭疽菌事件や、近年発表されている多くの資料を分析していくと、二一世紀に最も警戒すべきは核兵器でもなく、化学兵器でもなく、生物兵器であるという実感を痛切に抱くようになった。

第五章　生物兵器各論

生物兵器となりうる病原性のある微生物には、細菌、ウイルス、リケッチア、真菌がある。その他、生物がつくり出す毒素がある。さらには、クローンによってつくられた人工毒などがある。本書では、現在とくに注目されている病原微生物と毒素について紹介することとする。

1　炭疽菌

一般的事項

炭疽は、炭疽菌によって引き起こされる感染症である。これは元来、ウシ、ウマ、ブタ、ヒツジなどの草食動物にみられる家畜の急性伝染病で、自然感染で敗血症死することが多く、畜産上重要な疾患である。この疾患の多発地域は、イラン、イラク、トルコ、パキスタン、サハラ以南のアフリカである。ヒトにおいては、感染した動物に接触する機会の多い獣医、牧畜食肉業者、羊毛毛皮加工業者に職業病としてよくみられてきた。

この炭疽菌は発育条件が悪くなると芽胞（図14）を形成する。この芽胞は、草むらや土壌中で数年から数十年間も生存し続ける。これが重要な感染源となる。

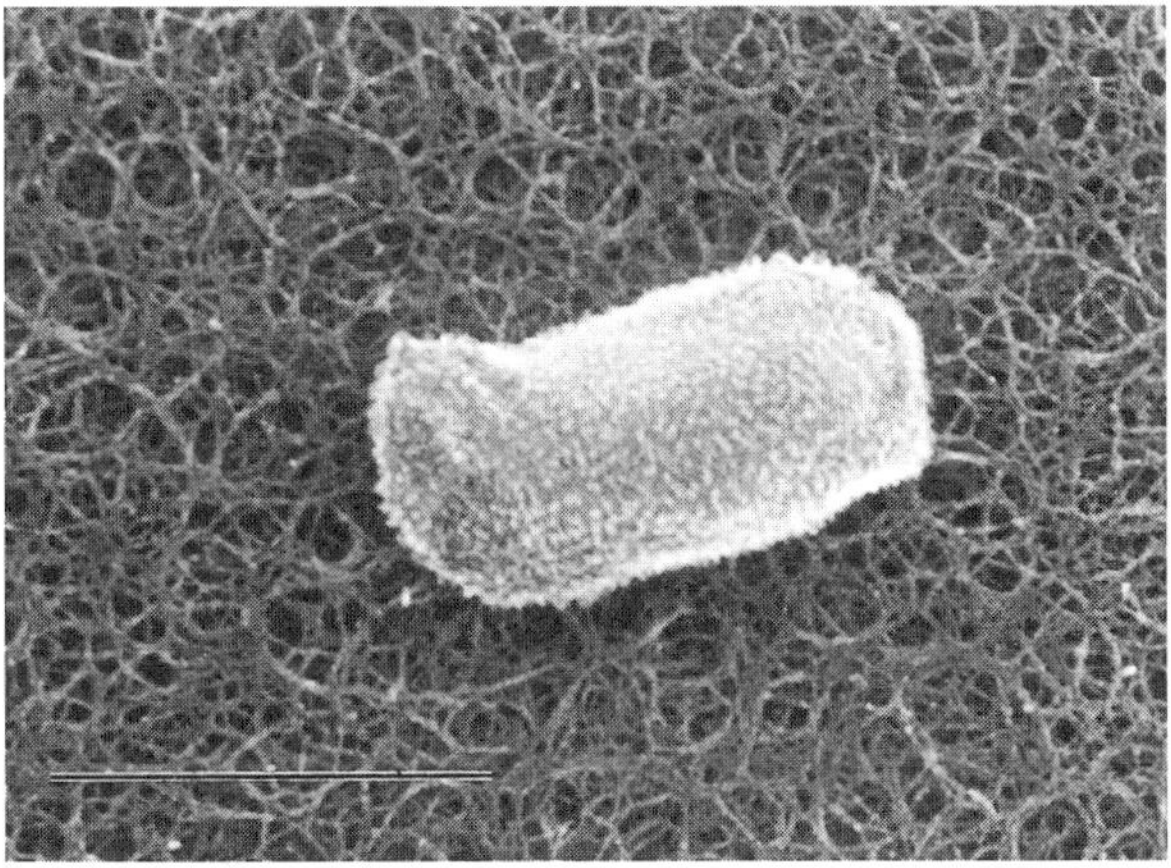

図14　炭疽菌芽胞，長さ約1マイクロメートル（天児和暢『写真で語る細菌学』九州大学出版会，1998より．天児和暢教授のご好意による）

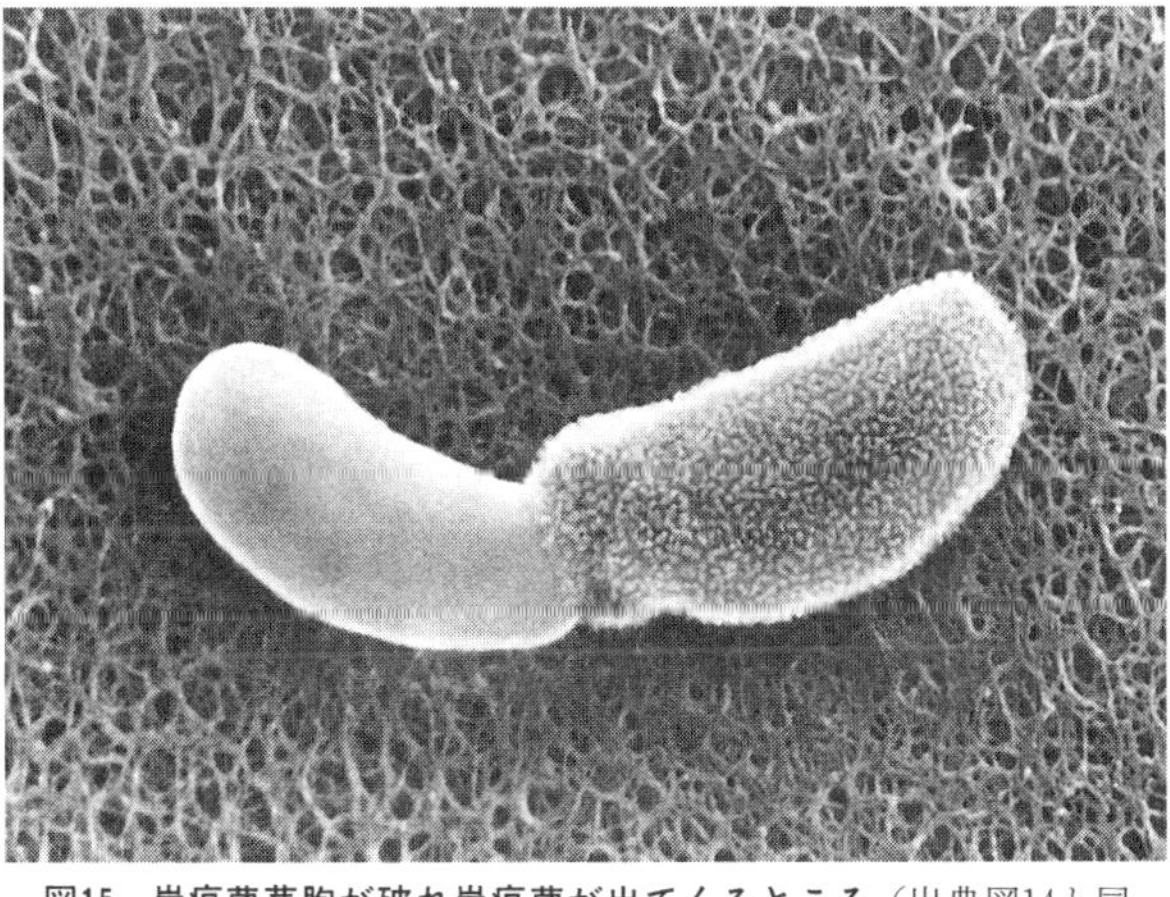

図15　炭疽菌芽胞が破れ炭疽菌が出てくるところ（出典図14と同じ）

生物の体内に入った炭疽菌芽胞は発芽して、栄養型の炭疽菌が出てくる（図15）。そして炭疽菌が増殖することになるが、その際、三つの成分の毒素が放出される。これらの毒素はいずれも蛋白であり、浮腫因子、防御抗原、致死因子からなるが、各成分は単独では病原性はない。防御抗原は、細胞膜に付着する作用を有している。防御抗原と浮腫因子がくっつくと、細胞膜にチャンネルができ、浮腫因子が細胞内に入り、浮腫をきたすようになる。一方防御抗原と致死因子がくっつくと、やはり細胞膜にチャンネルができ、致死因子が細胞内に入り、細胞に致死作用をきたす。この毒素が炭疽菌の生体影響に最も重要なのである。

生物兵器としての炭疽菌

一九三三年、米国陸軍の軍医少佐フォックスは、「非のうちどころのない病原体兵器」として炭疽菌芽胞があることを認めている。炭疽菌が生物テロに使用されることはすでに七〇年以上前から恐れられていた。炭疽菌芽胞は、自然界はもちろん、暑熱、寒冷、乾燥、消毒剤のもとにおいても強く生き長らえ、数年間も毒性を維持できるというのが何よりも大きな利点であったからである。

この炭疽菌を生物兵器として実際に利用しようとしたのは、前述のように日本軍の731部隊である。日本の生物兵器研究者も、炭疽菌兵器の有用性に長い間注目していた。石井四郎中将は、炭疽菌の曝露方法として炭疽菌爆弾を試作しようとした。この炭疽菌爆弾というのは榴弾砲を用いるもので、榴散弾が爆発したときにたくさんの小さな弾丸がはじけ出るが、その弾丸に炭疽菌の芽胞をまぶしてある。このようにしておくと、弾丸が皮膚に食い込んだ際に、傷口から炭疽菌芽胞が侵入し、皮膚炭疽を引き起こし、多くの兵士に致命傷を及ぼすというものであった。そのためには、まず人体実験を行なっている。榴散弾が炸裂する周囲に、マルタと呼ばれた被験者一〇人を円形に縛りつけて立たせておき、その中心部で爆発させた。その結果、被験者全員が感染し、数週間以内に死亡したといわれている。これらの実験成果を確認するために遺体は解剖され、詳しく検索された。しかし、このような炭疽菌攻撃は、労を要するわりには効率が悪かったようであり、実戦に使用された形跡はない。

第二次世界大戦下の一九四〇年には、イギリスはドイツがボツリヌス菌毒素で攻撃してくるという情報を入手したため、化学戦を担当するポートンダウン研究所内に新たに生物兵器研究部門を新設し、炭疽菌兵器開発を開始した。そして、翌四一年には、カナダのカルガリー南方、サフィールドに広大な実験場が開設された。また、この年と翌年にかけてスコットランドの北西にあるグルイナード島で、二度にわたって砲撃による炭疽菌散布実験が行なわれた。この島はその後、炭疽菌が充満したため半永久的に立入禁止となった。一九四三年には、アメリカはメリーランド州に生物兵器研究所キャンプ・デトリックを設立し、炭疽菌兵器研究を開始した。こうしてイギリス、カナダとアメリカは共同で炭疽菌爆弾をつくろうとしたが実現せず、実戦に投入されることはなかった。

ソ連は独自に大がかりな生物兵器生産システムを開発し、一九七二年以後、炭疽菌を生物兵器として大量生産してきた。その過程において、一九七九年スヴェルドロフスク事件が発生した（このスヴェルドロフスク事件については一六一ページBOX⑦で詳しく紹介しよう）。

炭疽菌の芽胞は、すでに多くの国々で生物兵器として完成されており、いつ使われるかわからない状況にある。とにかく炭疽菌は、生物兵器となりうる非常に多くの条件を備えているので、最も理想的な生物兵器として注目されてきた。

このように炭疽菌は最も有効な生物兵器と考えられたため、二〇ヵ国以上の国々で生物兵器への応用のための研究がなされてきた。

予想される生物兵器の形態としては、砲弾やミサイルの尖端（せんたん）に炭疽菌芽胞を入れて攻撃する方法が最も可能性が高いとされている。この際、炭疽菌芽胞をエアロゾルとして散布する方法と、それをスラリー状にして噴霧する方法とがある。前者の方法の方がより広範囲に炭疽菌芽胞を噴霧でき、炭疽菌の毒性を維持できるので理想的とされてきた。

一九七〇年のWHOの報告書によると、五〇万の人口の大都会の二キロメートル風上で、飛行機から五〇キログラムの炭疽菌芽胞が散布されると、理想的な気象条件のもとでは、芽胞は二〇キロメートルの彼方に流れてゆき、二二万人が死亡するか、感染し無力化されるとしている。

二〇〇一年一〇月には、アメリカで炭疽菌テロ事件が発生した（このアメリカの炭疽菌事件については一六七ページBOX⑧で詳しく紹介することにする）。

症　状

炭疽には、肺炭疽、皮膚炭疽、腸炭疽と三つの主な病型がある。これと関連して、炭疽髄膜脳炎や口腔咽頭炭疽がある。一般に炭疽の症例の九五％以上は皮膚炭疽である。

炭疽菌が生物兵器や生物テロの手段として使用された場合、とくに問題となるのは皮膚炭疽と肺炭疽である。したがって生物テロの武器としては、エアロゾルの状態で使用されるのが一般的である。そのために芽胞を直接吸引したり、芽胞に汚染されたものに皮膚が接触した場合に発症する。

a　肺炭疽

肺炭疽は吸入炭疽とも呼ばれている。生物兵器として散布された場合、この肺炭疽が最も大きな問題となる。肺炭疽は、ヒトが一～五マイクロメートルの芽胞を吸入すると起こる。

ヒトの体の肺胞の中で芽胞はマクロファージ（貪食細胞）に取り込まれて壊れる。生き残った芽胞は、リンパ管を通して縦隔リンパ節に運ばれ、そこで発芽が起こり、栄養型となる。この栄養型こそ、体内に一般的に存在する炭疽菌なのである。炭疽菌の発芽は、リンパ節に運ばれて一～三日以内に起こる。

いったん発芽して炭疽菌が増殖すると、病状は急速に悪化する。出血、浮腫、壊死を引き起こす毒素を遊離する。肺胞の部分には体液が溜まる。これが広範となると、肺の機能が失われてしまい、呼吸不全となる。この呼吸不全では全身の酸素が欠乏するため、体全体が蒼白となり、チアノーゼを呈する。そして昏睡状態となり死亡する。肺炭疽の場合の死因は、酸素を吸入しきれない換気不全が多いものと思われる。

肺炭疽は、炭疽菌芽胞を八〇〇〇～五〇〇〇〇個吸入すると発症するといわれている。肺炭疽の潜伏期間は一～七日である。

肺炭疽を早期に診断することは実に難しい。テロの場合、まずはじめに肺炭疽を疑うことが肝要である。この診断の難しさが、生物兵器や生物テロの手段として注目されている理由の一つである。

これまで報告されてきた症例を分析すると、臨床症状は二つのステージに分けられる。

最初のステージである第一期では、臨床症状はなんら特徴的なものはない。非特異的と表現される。実際にみられる症状は、発熱、息苦しさ、せき、頭痛、悪寒戦慄、脱力感、悪心、嘔吐、腹痛、咽頭痛、胸部痛などである。ウイルス性の上気道感染症とよく似ている。肺炭疽で特徴的なのは、鼻水が出ないこと、痰が少ないことである。吐き気、食欲不振、腹痛を訴えることも少なくない。このため主な病変がどこにあるかわからないことも多い。とにかくこのステージでは、臨床症状のみならず検査所見も非特異的である。臨床検査では白血球の増加、とくに好中球の増加がみられる。このステージは数時間から二〜三日続く。一部の症例では、明らかな改善を示すことがあるが、多くの症例では、全般的な症状が急速に悪化し、次のステージの第二期に移行する。

第二期では、症状は急激に悪化してくる。突然の高熱、激しい呼吸困難、発汗、ショックをきたす。この時期には、縦隔のリンパ節は腫大し、喘鳴が聞こえるようになる。胸部X線検査をすると、縦隔の開大がみられる。胸部X線所見は刻々と変化し、胸水が出現し、肺浸潤がみられる。胸部単純コンピュータ断層撮影検査（胸部CT）では、胸水、縦隔リンパ節の拡大が早期に見つかるので、早期診断にきわめて有用であることがわかった。胸水がある場合は、胸水穿刺を行なう。胸水は血性である。症例の半数は、髄膜脳炎をきたす。この際は、激しい頭痛、意識障害、譫妄、痙攣発作が起こる。

また第二期には、チアノーゼと低血圧が急速に出現し、数時間以内に死亡することがある。

肺炭疽の場合、治療を行なっても八〇%以上が死亡するといわれてきた。

b　皮膚炭疽

これは比較的容易に診断できる。皮膚炭疽の好発部位は、手、前腕、顔面、頸部である。皮膚病変は、炭疽芽胞が割傷、擦傷に入って起こる。芽胞が入って一日から五日の潜伏期間を経て、小さな丘疹(きゅうしん)ができてくる。

最初に出現する病変は、この丘疹である。これは、痛みのない、かゆみのある小さな丘疹である。そして二四時間から三六時間後に、漿液(しょうえき)血液状の液を含む小水疱がまん中にできる。この液の中には、炭疽菌がたくさん入っているが、白血球は少ない。この水疱は少しずつ大きくなり、直径一~二センチとなることもある。

それが破れると、壊死性の潰瘍ができる。その後、皮膚病変は少しずつ大きくなってくる。潰瘍の直径は一~三センチにもなる。水疱や壊死性潰瘍の周囲は、浮腫ができる。その後、壊死の部分が乾燥して黒いかさぶたである痂皮(かひ)ができる。

隆起した浮腫に囲まれた黒い痂皮は、皮膚炭疽に特徴的である。この病変の段階になると、肉眼的に皮膚炭疽と確認できるようになる。

浮腫はその後、急速に顕著となり、広範となっていく。浮腫はときに顔全体、あるいは一肢全体に拡がることがある。浮腫の周辺に紫色の水疱がたくさんできる。

患者は発熱、全身倦怠感、頭痛を訴える。これは、広範な浮腫を呈する例に多い。黒い痂皮は二～三週後に剝がれてゆき、しばしば瘢痕を残す。

皮膚炭疽の死亡率は、抗生物質を投与した場合は一％未満であり、投与しない場合でも二〇％程度である。

c　腸炭疽

腸炭疽は、生物兵器の使用による感染というかたちでは起こらない。炭疽全体からみても頻度は少ない。腸炭疽は炭疽菌に感染した動物の肉を食べた場合、とくに生肉を食べて起こることが多い。潜伏期間は一～七日である。

初発症状は、発熱、吐き気、食欲不振、腹痛、全身倦怠感などであり、インフルエンザとなんら変わりない。

主要症状は、腹痛、吐血、血便である。この吐血や血便が出て、はじめて医療機関を受診するのが一般的である。腸炭疽の場合、消化管に広範に病変が出現するため、重篤であることが多い。この病型でも、毒素血症や敗血症に進行すると致命的となる。肺炭疽と同様に髄膜脳炎をきたす。

早期から治療しても、皮膚炭疽に比べて予後が悪い。頻度は少ないものの恐るべき病型である。腸炭疽の死亡率は二五％以上とされている。

d　炭疽髄膜脳炎

炭疽菌感染で髄膜脳炎が起こることは、一般にはまれであるとされてきた。炭疽髄膜脳炎を最も起こしやすいのは、皮膚からの感染、皮膚炭疽である。これは肺炭疽でも腸炭疽でも起こりうる。炭疽髄膜脳炎になると致命的である。どんなに強力な抗生物質をいろいろと投与しても、発病後一～六日で死亡する。

症状としては、発熱、全身倦怠感、筋肉痛、頭痛、悪心、嘔吐、痙攣、興奮、譫妄が起こる。意識障害は重要な症状である。神経学的検査では、項部（うなじ）硬直などの髄膜刺激症状が起こる。

臨床検査として、炭疽髄膜脳炎が疑われる場合は、腰椎（ようつい）穿刺をし、髄液検査を行なう。髄液は血性である。髄液から炭疽菌が検出される。

通常、神経症状は急速に悪化し死亡する。病理学的検査では、出血性髄膜炎、広範な脳浮腫、髄膜にグラム陽性の桿菌（かんきん）がみられる。

解剖時、脳の表面を見ると、髄膜に広範な出血があり、暗赤色をしているため、〝枢機卿（すうききょう）

の帽子〃と表現される特徴的な所見がみられる。このような所見はほかの疾患にはみられないもので、肉眼的に炭疽髄膜脳炎と診断される。脳実質（白質）にも広範に出血がみられ、大脳（灰白質）にも炎症所見が存在することも少なくない。

e　口腔咽頭炭疽

これは咽頭後壁、硬口蓋、扁桃に炭疽菌が付着して起こる。皮膚炭疽に似た病変をきたす。咽頭痛、嚥下障害、発熱、頸部リンパ節腫脹が生じる。とくに頸部リンパ節の腫脹は著しい。治療しないと敗血症で死亡する。

診断

診断は一般に、まず炭疽を疑い、曝露経路を徹底的に調査し、曝露源を明らかにすることから始まる。炭疽菌芽胞が散布され、たまたまその曝露を受けたと考えられる場合は、鼻腔を綿棒で擦過し、炭疽菌芽胞を取り出して培養したり、数時間でゲノムを一〇〇万倍にも増殖できるポリメラーゼ連鎖反応（PCR）を使った検査によって炭疽菌DNAの確認を行なう。

肺炭疽を疑う場合、胸部CT検査が重要である。血液のグラム染色や培養を行なって炭疽菌の存在を確認することも必要だ。また免疫組織化学染色による炭疽菌の証明を行なったり、炭疽菌毒素の一つである防御抗原に対する血清抗体価の上昇をみる。

胸水が認められる場合は、グラム染色、培養、ＰＣＲ検査を行なう。

炭疽髄膜脳炎を疑う場合、髄液のグラム染色、培養を行なう。

皮膚炭疽を疑う場合、皮膚病変のグラム染色、培養を行なう。

培養は、いずれの場合も抗生物質を使用する前に検体をとっておかないと、炭疽菌が生えてこないことが多い。

予防と除染

予防対策として、ロシアやアメリカではワクチンがつくられ、実際に接種されてきた。このワクチンは一八ヵ月間に六回も接種しなければならないし、副作用による死亡例も報告されている。アメリカでは、米国食品医薬品局（ＦＤＡ）が認可していないので、軍人が対象とされ、民間ではまだ使用されていないのが現状である。

一般に炭疽菌芽胞の曝露が疑われても、無症状の場合は、抗生物質シプロフロキサシンまたはドキシサイクリンを経口的に投与する。これらは少なくとも六週間投与すべきである。アメリカでは、生物テロが疑われる場合、六〇日間投与することが行なわれている。

羊毛に付着した炭疽菌芽胞によって汚染された織物機は、これまではホルムアルデヒドを蒸発させて除染してきた。個人的に曝露を受けた場合は、石鹸と水を使って十分シャワーで洗い流すことも大切である。

アメリカの炭疽菌事件の場合は、建物の消毒には最初は二酸化塩素のガスが使用されたが、あまり効果が得られなかったので、その後、液体に変えられた。ホルムアルデヒドももちろん有効であった。汚染された郵便物は、電子線やガンマ線の照射で炭疽菌の芽胞を殺すことができる。実際にアメリカ東部で汚染された郵便物は、まとめて放射線によって除染されたといわれている。

治療

肺炭疽にしても皮膚炭疽にしても、できるだけ早期から抗生物質治療を行なうことが大切である。CDCは各抗生物質の使用量を指示しているが、使用量が多いので、わが国では修正する必要がある。

肺炭疽の治療には、シプロフロキサシンまたはドキシサイクリンの静脈注射（静注）が広く行なわれている。しかし、日本では静注用のドキシサイクリンは製造・販売されていない。症状が改善した場合は、これらを経口的に投与する。

アメリカでは、重症例にはシプロフロキサシンやドキシサイクリンに加えて、ペニシリン、リファンピシン、バンコマイシン、クリンダマイシンを併用する療法がとられることが多かった。アメリカでの炭疽菌テロ事件では、肺炭疽が疑われた場合、抗生物質二剤以上を経静脈的に投与することが推奨されたが実際にはシプロフロキサシン、リファンピシン、クリンダマイシンの三剤併用が多く用いられ、それが死亡率を減少させたようである。

炭疽髄膜脳炎を起こしてしまった場合、早期から積極的に治療を行なっても、生命の予後は不良であり、死亡してしまう場合がほとんどである。

皮膚炭疽の症例には、シプロフロキサシンまたはドキシサイクリンを経口的に投与する。全身症状、広範な浮腫、頭部や頸部に病変がある場合は、やはりシプロフロキサシンまたはドキシサイクリンの静注を行なう。皮膚炭疽の場合は、丘疹から痂皮形成に進行していくが、ペニシリンの経口投与が有効である。

セファロスポリン系の抗生物質は、炭疽菌に対して耐性があるとされているので使用されない。

ペニシリンに対してアレルギーのある患者には、クロラムフェニコール、エリスロマイシン、テトラサイクリンを使用する。

BOX⑦　スヴェルドロフスク事件

炭疽菌芽胞が大量に漏れだし、多数の犠牲者が出たスヴェルドロフスク事件については、最近までその実態はほとんど知られていなかったが、旧ソ連の生物兵器開発責任者であったカナジャン・アリベコフ（米国名ケン・アリベック）がアメリカに亡命し、ソ連の生物兵器計画の実態がかなり詳しく明らかになってきた。この事件については、アリベックの著書『バイオハザード』（一九九九）とその他の資料をもとに紹介する。

かつてスヴェルドロフスク市には大がかりな生物兵器研究所があった。ここは正式名称を微生物・ウイルス学研究所、別名第一九軍事施設といわれ、生物兵器としての使用にとくに適した細菌および毒素の製造の中心施設として、一九四七年に建設された。この施設は、第二次世界大戦後、スターリンの命により秘密警察長官ベリヤの指揮のもとに、日本軍のものよりも立派な施設をつくるべく、満州で日本軍から押収した731部隊の組み立て工場から手に入れた設計図を参考にして設計されたものであり、当時のソ連国内のどの施設よりも大がかりで、高度の技術や選りすぐりの技術者集団をかかえていた。とにかく、この施設はソ連の誇る最大の生物兵器研究所であった。その工場の主な生産品は、大量の炭疽菌芽胞の粉末であった。

このスヴェルドロフスクで生産されていた炭疽菌は、ソ連軍の科学者たちが長年苦労して研究を続けて、やっと探しだした最大の猛威を誇る生物兵器であり、やがてこれが欧米の主要都市に照準をあてたSS‐18大陸間弾道ミサイルに充塡する炭疽菌のもととなった。軍の技術者は、ガスマスクとゴムの保護衣を身につけて、二四時間三交代制で過酷な作業を続けていた。工場内には炭疽菌の芽胞が充満し、浮遊していた。作業員たちは定期的にワクチンを接種していた。この工場内の汚染した空気と外界を遮断するために重要なフィルター（直径およそ六〇センチメートルの円型のもの）が取り付けられていた。

この施設は、外側の居住区域（商店、学校、五〇〇〇名が住めるアパート）と、その内側の高さ三メートルの二重の有刺鉄線のフェンスで囲まれた警戒厳重区域からなっていた。その中には、最高機密の製造工場と研究実験室があった。

一九七九年三月三〇日（金曜日）の夜、第一九区炭疽菌乾燥プラントで午後勤務の技術主任が、「フィルターが詰まったので取り外してあります。かならず取り付けをお願いします」というメモを残して帰宅した。夜間勤務の技術主任は、持ち場につくと、まず業務日誌を確認したがメモには気づかなかった。彼は機械を動かすよう指示した。

この単純ミスで、数キログラムの芽胞の粉末が、換気管を通って夜の静寂へ忍び出ていった。誰一人として、事故が起こったことすら気づかなかったので、警報を発することができなかった。作業員の一人がフィルターの欠陥に気づいたのは、五、六時間たってからのことであった。すぐに機械の運転停止を命じ、新しいフィルターを取り付けさせた。このことは、何人かの上司に伝えられたものの、市当局やモスクワの国防省本部にはいっさい知らされなかった。

数日のうちに発病者が出始めた。最初に病院に収容された死傷者の大半は、炭疽菌工場の風下数百メートル以内で、たまたま、開け放った窓の側にいたり、屋外に立って

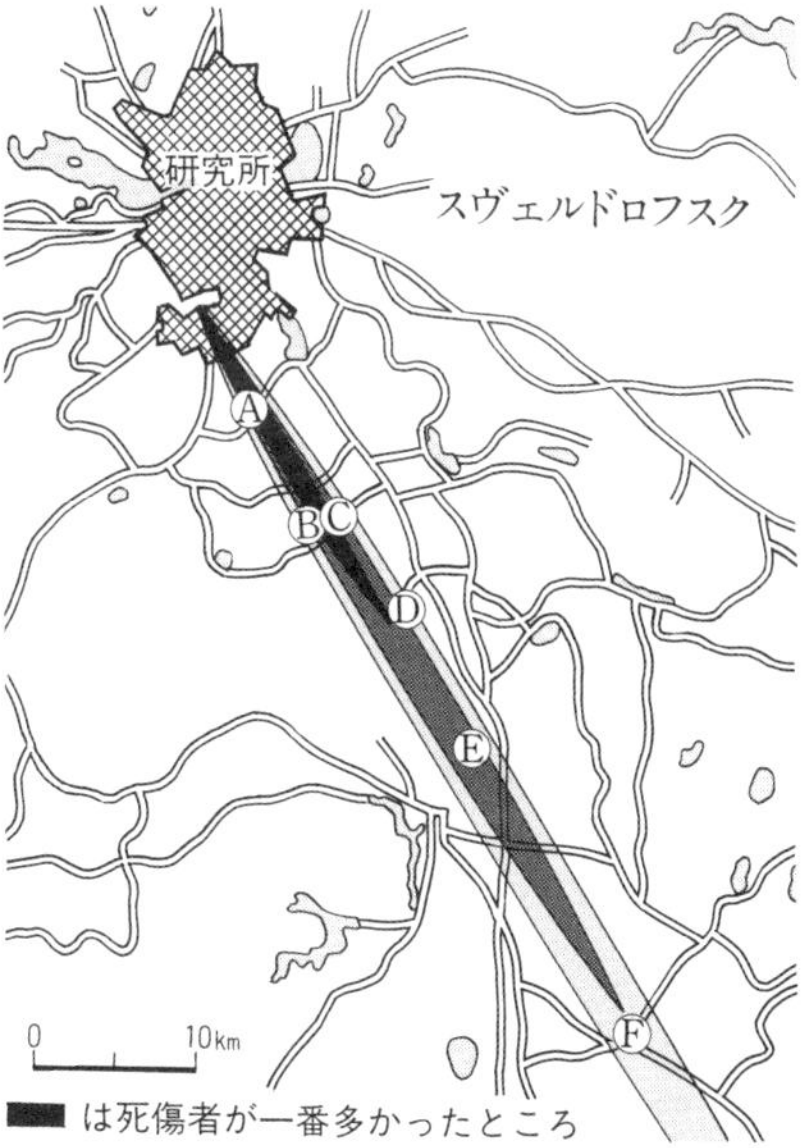

図16　ソ連のスヴェルドロフスクの生物兵器研究所の事故で炭疽菌芽胞が漏れ，多数の市民が死亡した．死傷者は風下の地域に集中した．Ⓐ～Ⓕは町を示す（前出『化学・生物兵器概論』より）

いたり、道を歩いていた人たちであった（図16）。

最も影響が大きかったのは、製造工場で作業していた軍職員、隣接する第三二軍事施設に駐屯する兵士、通勤途中の人々、そして陶器工場で作業していた約二〇名であった。からだに変調をきたした被害者は、最初風邪かインフルエンザにかかったと思った。だが、その日の夜には、第二〇および第二四病院の救急治療室に電話がどっとかかってきた。事故から二日目、呼吸困難、高熱、嘔吐、チアノーゼをきたした重症の患者が、何十人も病院にやってきた。軍からなんの知らせも受けていなかった医師たちは、その原因がわからなかった。患者が増えるにつれて、未知の伝染病かもしれないと不安に思った病院のスタッフにパニックが広がった。さまざまな重い症状の患者がやってくると、医師たちもパニックを起こし、ペニシリン、抗生物質、副腎皮質ホルモンを含め、とにかくあらゆる治療薬が使われた。

検査データがまだ出ていない事故から四日目の夜には、肺水腫、吐血、体中に発疹ができた多くの患者が死亡し始めた。第二〇病院だけでも四二名が死亡した。ほかに、病院に行かずに家で死んだり、道ばたで意識不明で発見された人がいた。四二例の剖検を行なった女性病理学者たちは、共通してみられる所見として、胸部の出血性リンパ腺炎と出血性縦隔洞炎があることから、病原菌は肺から侵入したものであり、また、肺の出血性病変部分から炭疽菌が検出されたことから、肺炭疽と診断していた。混乱とおびえの一週間が過ぎて、全病院の医師たちは「残りの患者と、新しく運び込まれる患者全員を、第四〇病院の伝染病棟へ移送せよ」との命令を受け、そこで特別隔離し集中治療を行ない、病理解剖がなされた。その頃には、汚染地域の隔離が進んでいた。何十万人もの人々に、ワクチンが接種された。

その地区の当時の実力者であった共産党第一書記エリツィンは、炭疽菌芽胞の汚染を徹底的に除去するという危険な作業を命じた。市職員は木々の消毒や刈り取り、道路の消毒、屋根の洗浄を開始した。その結果、溜まっていた芽胞を含む粉塵が舞い上がり、炭疽菌の芽胞が新たに町中を漂うこととなり、この飛び散った芽胞を吸入して、さらに死者が増えた。こうして事故発生から六週間たっても、死傷者が発生することとなった。

モスクワの国家保安委員会（KGB）本部はアンドロポフ議長の厳命で、大がかりな隠蔽工作を始めた。ソ連の医学文献で炭疽に関するもの、患者が収容された病院のカルテ、剖検報告、疫学調査報告をすべて押収した。KGBは、吸入炭疽に関連する部分を削除して、報告書を捏造(ねつぞう)した。死亡者が出た家庭には、医師を装ったKGB職員が訪問し、胃腸炭疽という病名の偽造の診断書が手渡された。

この事件については、アメリカは、かなり早い時期からなんらかのかたちで生物兵器工場から炭疽菌芽胞が漏れだしたものと疑っていた。その後、ソ連からの亡命者たちの証言から、「炭疽菌兵器を製造していた生物兵器工場から炭疽菌芽胞が漏れだして起こった事故であり、数多くの住民が肺炭疽で死亡したものである」ということが次第に明らかとなった。それでもソ連政府は、「炭疽に罹患した牛の肉を食べて起こった腸炭疽である」とかたくなに主張し続けていた。

この事実をロシア国民が初めて知ったのは、ようやく一九九三年になってからのことである。ロシアの初代大統領となったエリツィンは、新聞記者たちに詰め寄られて「あれは生物兵器工場からの事故であった」ことを認めた。それ以来、スヴェルドロフスク事故は、ロシアでは「生物学のチェルノブィリ」と呼ばれている。のちにロシア政府は、九六名が発病し、六六名が死亡したと伝えている。スヴェルドロフスクの工場で働いていた人の中には、死亡者は少なくとも一〇五名はいたはずだと明言している人もいる。死傷者はずっと多かった可能性があるが、その確かな数字をつかむのは困難である。

ちなみに一九八七年には、ソ連政府はスヴェルドロフスクにある第一九軍事施設を炭疽菌製造施設の登録簿から抹消してしまった。

BOX⑧　アメリカを震撼させた炭疽菌テロ事件

炭疽菌入り郵便物

二〇〇一年九月一一日の朝、テロ組織によって、アメリカ経済の心臓部であり、ニューヨークの象徴であった二つの貿易センタービルに相次いで二機の大型旅客機が突入した。さらに、アメリカの軍事力の中枢部で、ワシントンの郊外にある国防総省の象徴的な建物、ペンタゴンにも旅客機一機が突入した。ホワイトハウスをめざしていたと思われる四番目の旅客機は、その手前で墜落した。燃料を満載した大型旅客機は、ミサイルよりもはるかに大きな威力を発揮したのである。わずか二時間の間に、総計四〇〇〇名以上もの死傷者が出た。いわゆる〝同時多発テロ〟である。この予想もしなかったテロ事件で、アメリカの威信は大いに失墜した。

それから一ヵ月もたたない一〇月四日、フロリダ州ボカラトンにあるアメリカン・メディアというタブロイド新聞社が発行している大衆紙ザ・サンに勤務する六三歳の男性写真編集者が、肺炭疽にかかっていることが発見された。この男性は、一〇月二日に発熱、頭痛、嘔吐を訴え、地元の救急センターに運ばれた。彼を診察した神経内科医は、髄膜炎を疑い、腰椎穿刺をした。髄液は血性で真っ赤であり、この髄液を染色したところ、グラム陽性の桿菌、炭疽菌が無数見つかった。その後、この男性は痙攣発作を繰り返し、昏睡状態となり、その三日後の五日午後四時に死亡した。死亡後、剖検でこの男性は、肺炭疽に罹患していたことが判明した。炭疽という病気は、牧畜地帯で発生することは決してまれではないが、都会のビルの中でそれが発生するということ自体が異例のことであったので、CDCとフロリダ州および地域の公衆衛生当局が注目するところとなり、一〇月四日には捜査が開始された。

CDCの調査団は、まずこの最初の患者の勤務先のビルを立ち入り検査した。その結果、一〇月八日には死亡した男性と同じ新聞社に勤務していた七三歳の男性が呼吸器疾患で、その地域の医療機関に入院していることをつきとめた。この男性の鼻腔からも炭疽菌が検出された。また、この男性が仕事をしていた部屋のパソコンのキーボードからも炭疽菌が発見された。CDCから連絡を受けたFBIは、ただちにこの新聞社のあるオフィスビルを封鎖し、ビルに出入りしていた従業員約七〇〇人全員に対して炭疽菌感染の有無を検査したうえで、抗生物質シプロフロキサシンを予防薬として投与した。

それと並行して、感染経路の特定が進められた。土壌中にまれにしか存在しない炭疽菌がビル内で見つかるケースはほとんどないこと、さらにアメリカでは一九〇〇年から一九七八年の間に肺炭疽の症例はわずか一八例しか報告されておらず、これらの患者のほとんどが炭疽菌の曝露を受けやすい職場で働いていたこと、ビル内の職場で肺炭疽の感染者が相次いで発生したというのはまさに異例の事態であることなどから、生物テロの可能性が浮上したのである。

フロリダで肺炭疽に罹患した男性が死亡してからわずか一週間後、今度はニューヨークでも炭疽菌の感染者が発生した。一〇月一二日、ニューヨークにあるNBCテレビ局の女性職員が皮膚炭疽にかかっていることが判明した。一〇月一四日、ニューヨークのジュリアーニ市長は、「NBCテレビ局に送られた炭疽菌の捜査に当たった警官一人と検査した市保健局職員二人も保菌者である」と発表し、アメリカの全土に強い衝撃が拡がった。

さらに、一五日にはABCテレビ局の女性プロデューサーの子供で生後七ヵ月の男児が、一八日にはCBSテレビ局の女性社員が感染するなど、アメリカの三大テレビネットワークで炭疽菌の被害が拡がっていった。いずれも郵便物を取り扱っていた人たちが感染したことから、炭疽菌は郵便で配付された可能性が高くなった。このほかにも、ニューヨーク・ポスト社にも炭疽菌入りの郵便物が届いていたことが判明した。フロリダでのケースを入れて考えあわせると、炭疽菌による生物テロのターゲットが、主要なメディアである疑いが濃厚となっていった。

テロの標的の拡大

ワシントンDCの議会関係者も生物テロの標的となっていたことがだんだん明らかとなった。一七日、ブッシュ大統領は、「民主党上院院内総務であるダシュル上院議員事務所に不審な郵便物が届き、検査の結果、封筒の中に炭疽菌芽胞が入っていたことが確認された」と発表した。これは一〇月九日にニュージャージー州トレントンにあるハミルトン郵便局からワシントンDCに郵送されたものであり、主要郵便局であるブレントウッド郵便センターを経て、一〇月一五日に上院のハートオフィスビルで開封された。

一〇月一九日、アメリカ国土安全保障局のリッジ長官は、フロリダ州、ニューヨーク市、ワシントンDCの三ヵ所に郵便で届いた炭疽菌が同じ細胞株であったことを明らかにした。ダシュル上院議員あての郵便物を取り扱ったブレントウッド郵便センターの職員二〇〇〇人に対する検査は二一日から始まった。そして一〇月一九〜二六日の間に、ブレントウッド郵便センターに勤務する郵便局員、もしくはそこからの大量の郵便物を取り扱う郵便局員のうち五人が入院し肺炭疽と診断された。

ダシュル上院議員は被害を免れたものの、同上院議員のスタッフ二八人が炭疽菌保菌者であると確認された。そして郵便物を仕分けしていた五五歳と四七歳の二人の男性局員が一〇月二二日に相次いで死亡した。この二人はいずれも入院してから二四時間以内に死亡している。ダシュル上院議員の事務所に一五日届いた郵便物には約二グラムの芽胞が入っていたと専門家は推定している。

このブレントウッド郵便センターで患者が多発している原因として、一一三日付『ワシントン・ポスト』紙によると、同センターでは郵便物を自動仕分け装置でより分け、発生するほこりを払うために送風機が使われているという。それによって封筒のごく小さな隙間（直径一～五マイクロメートル）から漏れ出て、舞い上がった炭疽菌芽胞を職員が吸入したとの見方がFBIや専門家の間で浮上した。

また、一〇月二六日には、ワシントンDCにあるアメリカ連邦最高裁の郵便施設でも炭疽菌が検出されたことが明らかになり、最高裁ビルが閉鎖された。その他、ホワイトハウスや国務省、CIA、陸軍研究所でも炭疽菌が検出された。

こうして炭疽菌による生物テロの主な標的はメディアであり、さらにアメリカの立法、行政、司法の三権すべてに標的が拡がっていった。その後も厚生省や農務省の郵便室からも炭疽菌陽性反応が出るなど、被害は拡大の一途をたどっていった。いずれも、それぞれの施設を標的としたものではなく、特定の郵便物が郵便局内で他の郵便物を汚染したことによるとみられている。この一連の事件では、炭疽菌芽胞が検出された建物は、二酸化塩素ガスで燻蒸消毒していると報じられている。

一〇月三〇日、ニューヨークの病院に勤務する六一歳の女性職員が肺炭疽と確認された。彼女は一〇月二五日頃からインフルエンザ様の症状を訴えていたが、二八日に急に呼吸困難をきたし入院した。救急治療室で人工呼吸器を付けて治療を受けていたが、治療のかいもなく三一日に死亡した。これは一連の炭疽菌事件での死者としては四人目であり、メディア関係者や郵便局員以外の一般市民としては初の死者となった。この女性病院職員の死亡はすぐさま国防総省に伝えられた。ニューヨークがまたもや大規模なテロに襲われたのではないかという恐怖が高まった。そして犠牲者の一般市民への拡大が大いに懸念された。市当局とFBIやCDCは、勤務先の病院と自宅の検査を徹底的に行なったが、最終的には炭疽菌はどこからも検出されなかった。この女性がどのような経路で感染したのかはいまだもって不明である。なんらかのかたちで郵便物と接触したことが疑われている。

この女性が感染した炭疽菌を詳しく分析したところ、全米でそれまでにつぎつぎと発生してきた生物テロによる炭疽菌と同じ種類の「エームズ株」と呼ばれる特殊な株であることが判明した。炭疽菌には約一二〇種の株があることが知られているが、アイオワ州エームズにある大学のグループが一九五〇年代に炭疽に罹患した家畜から採取してつくったエームズ株は、毒性が強いことでも有名である。

一一月二日、CDCは、ニューヨーク・ポスト社の社員にも皮膚感染が確認されたと発表した。これでアメリカ国内での炭疽菌事件は終結したかにみえた。

その後、このような炭疽菌の入った郵便物が世界各地から見つかった。

このアメリカで発生した一連の事件で、一〇月三一日までに二一人の患者（確定診断一六人、疑診五人）がフロリダ、ニューヨーク市、ワシントンDC、ニュージャージーの各地で見つかった。このうち肺炭疽は一〇人、皮膚炭疽は一一人である。

一一月二〇日、コネティカット州のローランド知事は、同州の九四歳の一人暮らしの女性が一四日から入院していたが、州衛生当局の検査で肺炭疽に罹患していることがわかったと発表した。この女性は郵便局の職員でもなくメディア関係者でもなく、一般市民では一〇月三一日に死亡したニューヨークの女性病院職員（六一歳）に続く二人目の肺炭疽患者となる。この九四歳の女性も積極的治療のかいもなく二一日に死亡した。この症例を入れると、炭疽菌感染者は合計二二人となる。肺炭疽が一一人であり、うち五人が死亡している。

炭疽菌にとって封筒は穴だらけ

今回の炭疽菌テロでは、感染者のほとんどが、郵便物を介して感染し発症していることが特徴的である。送りつけられた炭疽菌の入った封筒を開けた人、それに触れた人、またその封筒が通過した郵便局の関係者が犠牲となった。なぜ封筒から炭疽が感染したのであろうか。郵便の封筒を走査電子顕微鏡で見ると、眼に見えないが、封筒には無数の穴が開いており、その直径は一〇～一〇〇マイクロメートルにも及ぶことが明らかになった。この穴を通って炭疽菌芽胞は郵便物から容易に出てくるわけである。郵便の封筒が、生物テロの運搬手段となったことには、アメリカはおろか世界中に大きな衝撃を与えた。今回使用された炭疽菌は、いずれもエームズ株であることが確認された。

杜教授は指摘する。「この芽胞は、遺伝的には改変されておらず、研究室または製造所から直接送られてきたものと思われる」。送りつけられてきた芽胞は、静電気でくっついたかたちをとっておらず、かたまりをつくらないような操作がなされていた。注目すべきことは、芽胞とともにタルク（滑石の粉）が発見されたことである。このタルクが使用されたということは、明らかに芽胞をばらばらにして肺から吸入されやすいように細工されたものであり、単に研究者がいたずらのためにつくったのではなく、「攻撃型の生物兵器」として製造されたものであることを物語っている。これをつくれるような人物はアメリカでも少ない。その後、アメリカでも攻撃型の炭疽菌芽胞がつくられていることが判明した。こうして、犯人は研究所関係者に絞られてきた。現在、メリーランド州のフォート・デトリックで働いていた研究者が取り調べを受けているが、まだ黙秘を続けているという。

この事件の犯人として、最初は海外のテロリストまたはイラクなどの外国の政府が疑われていた。しかし、この炭疽菌芽胞は、イラクがつくっていた炭疽菌のヴォラム株とは明らかに異なること、もし外国の政府がからんでいたのであれば、さらに大量のものが使われた可能性が大きいこと、抗生物質が奏功しないような遺伝子操作がなされた形跡がまったくみられていないことからも、やはり犯人は国内にいるという見方が一般的になっている。いずれにしても、今回の炭疽菌テロは、恐るべき最先端の技術をもった人物による犯行といえる。その動機はまったくわからないが。

この事件のあと、日本を含めて世界のあちこちで、白い粉の入った郵便物が送られてくる事件が起きた。このほとんどがいたずらであった。世界各国の分析の専門家や医療機関は対応に大変苦慮した。アメリカやイギリスをはじめとして各国の政府は、テロ対策をいちだんと強化した。

2　痘瘡ウイルス

一般的事項

痘瘡はかつては天然痘と呼ばれたが、これはポックスウイルスの中でも最も病原性の強い痘瘡ウイルスによる感染症である。この痘瘡ウイルスが住みつく宿主はヒトが主であり、直接ヒトからヒトに感染する。ヒトにおいては唾液中に大量のウイルスが含まれているので、せきをしたりくしゃみをするとウイルスが飛び散り感染することになる。患者の衣類やベッドのシーツからも感染する。このウイルスは上気道から侵入し、局所のリンパ節で増殖した後、ウイルス血症を起こし、全身の皮膚、粘膜に達して、発疹(ほっしん)をつくる。

痘瘡は、過去三〇〇〇年以上にわたり伝染力が強く、死亡率の高いことで最も恐れられてきた疾患の一つである。種痘法が始まる前までは、ヨーロッパでは、ごくありふれた小児の疾患であった。乳幼児が感染すると、鼻腔、咽頭、食道の発疹のため哺乳が困難となり、その死亡率は五割を超えたという。このように痘瘡で子供を失うことが多いので、痘瘡にかかることで親たちはいつか子供をなくすという不安があった。大人は小児の頃に罹患し、生き延びたものに限られていた。ヨーロッパでは、平均して年間に四〇万人がこの痘瘡で死亡していたと推定されている。有名な王侯貴族もその例外ではなかった。アメリカの初代大統領ワシントンも、若い頃に重篤な痘瘡に罹患していた。

イギリスの田舎で開業していたジェンナーがワクチン（種痘）を確立した一七九六年以降は、種痘の普及により患者数は激減した。それでもこの疾患は、ほんの三十数年前までは三一の国々で流行しており、毎年一五〇〇万人の患者が出ており、二〇〇万人が死亡していた。

ＷＨＯは一九六七～八〇年に三億ドルの資金を投入して根絶計画を行ない、一九七七年一〇月のソマリアでの発症例を最後として、自然感染者は報告されていない。そしてＷＨＯは一九七九年一〇月に痘瘡の根絶を宣言した。このＷＨＯの根絶プログラムには日本人医師の蟻田功（ありたいさお）博士が大きく貢献したことはよく知られている。

研究室で事故が発生した場合に備えて、ＷＨＯは二ヵ所の研究機関が痘瘡ウイルスを貯蔵することを承認した。一つは、米国のジョージア州アトランタにあるＣＤＣであり、もう一つはロシアのノヴォシビルスク地区コルトソヴォにある科学生産機構研究所である。しかし、現実には、世界のその他の国々にも秘密の痘瘡ウイルス貯蔵施設が数多く存在するものと考えられている。

「痘瘡ウイルスは、研究室で容易に大量生産が可能であることと、凍結乾燥した状態では数ヵ月から数年間は感染力を維持できる」と、ＷＨＯは一九七〇年に発表している。

生物兵器としての痘瘡ウイルス

痘瘡ウイルスが初めて生物兵器として使用されたのは前述のように北米大陸で、一七五四～六七年に行なわれたイギリスとフランスの戦争であるといわれている。このとき、イギリス軍の兵士たちは、アメリカ先住民に痘瘡を感染させる目的で、痘瘡患者が使用した毛布を配った。その結果、先住民の間で痘瘡が大流行し、おびただしい数の感染者が出たが、そのうちの五〇％以上が死亡したという。

一七九六年にジェンナーが種痘を確立して以後は、痘瘡ウイルスは生物兵器としての潜在的脅威はいったんは大いに減少したかにみえた。アメリカの南北戦争（一八六一～六五）でも、痘瘡ウイルスが生物兵器として使用されたという陳述があるが、確証はない。第二次世界大戦中、日本軍の731部隊は、満州で痘瘡ウイルスを生物兵器化するために人体実験を行なっていた。

ソ連で生物兵器開発を担当してきたアリベックは、「痘瘡ウイルスは、生物兵器としてこれからも使用される可能性がありうる」と証言し、「ソ連ではモスクワから車で三〇分のところにあるギリシャ正教の大聖堂で有名な町、ザゴルスク（現在のセルギエフ・ポサード）の秘密研究所でトン単位の痘瘡ウイルスを培養していた。ザゴルスクでの実験では、兵器として使用可能なウイルスの培養に成功をおさめてきた。そしてソ連ではこっそりと生物兵器のリストに加えられた。一九八〇年にソ連政府は痘瘡ウイルスを大量生産し、砲弾や大陸間弾道弾に搭載して攻撃するプロジェクトを成功させた。その計画では、年間数トンの痘瘡ウイルスを生産することが可能となった」（アリベック、一九九九）と述べている。

さらにロシア政府は、遺伝子組み換えによりさらに毒性が強く、伝染力のある株の開発研究を支援しているともいわれている。近年はそれらの研究に対する財政的支援が減ってきているので、研究技術や機械・機具がロシアの手を離れていくことが大いに懸念されている。

世界的にワクチンが普及し痘瘡は根絶されたものの、ワクチンの接種を受けておらず免疫のない人口が増大していることから、一人でも感染者が出ると爆発的に感染が拡がる恐れがある。痘瘡ウイルスは伝染性がきわめて強いこと、それによる死亡率が高いこと、それがエアロゾル化されたものが生物兵器としてテロに使用されることが非常に危惧されており、依然として大きな脅威となっている。現在のところ、痘瘡ウイルスは、非常に広範囲まで感染を及ぼすという点で、すべての生物兵器のうちで最も危険であるとみなされている。

症　状

ヒトからヒトへの感染は、空気感染、飛沫感染、さらに皮疹や分泌物の接触感染で起こる。

痘瘡ウイルスは、患者の唾液の飛沫が伝播し、感染を拡大していく。患者がせきをしたり、皮疹から出血している場合は、感染性はさらに増強される。唾液の中のウイルス量は発病初期には最も多いので、感染の危険性が大きい。

痘瘡ウイルスが最も感染しやすいのは、紅斑が出た最初の週であり、この頃、口腔粘膜には潰瘍ができ、大量のウイルスが唾液に入る。感染性は皮疹が剝がれ落ちるまで継続する（約三週間）。

潜伏期間は、七～一七日（平均一二日）であり、突然に感冒様症状が出現する。

初発症状は、悪寒戦慄、発熱、頭痛、嘔吐、背部痛、全身倦怠感であり、二～三日続く。ときに鼠蹊部を中心に猩紅熱や麻疹様の発疹、つまり前駆疹というのがみられることがある。そして約二～三日後にいったん解熱するが、その後再び発熱し、特有の発疹が出現する。

主要症状として皮膚症状が認められるようになる。

皮膚症状は、発疹として皮膚に紅斑をともなう丘疹が認められるようになる。皮膚に皮疹が認められる際には、紅斑様の粘膜疹がみられる。たいていの患者は頬部、鼻部や咽頭部に粘膜疹が出現する。重症例では、粘膜疹は、喉頭、気管支、食道にまで及ぶ。これらの部分からのウイルスが呼吸器感染を広めていく。皮膚病変は、顔面、頭部にとくに密集しており、患者の顔貌が見わけがつかなくなることさえある（図17）。軀幹や四肢には遅れて皮疹が出る。とくに軀幹の皮疹は他の部位より常に少ない。

皮膚病変は通常、まず紅斑から始まり、丘疹、水疱、膿疱(のうほう)そして痂皮とつぎつぎに進行していく。顔面の皮疹が水疱になっていても、四肢はまだ丘疹の状態である。同様に、顔面の皮疹が膿疱になっていても、軀幹はまだ水疱の状態である。このように体の部位によって、病変が一定の規則性を示すことも特徴的である。紅斑が拡がっていく間は、発熱が続く。膿疱が拡がり、大きくなるにつれ、激しい疼痛を訴えるようになる。痘瘡の皮疹は、膿疱の完成で極期をむかえる。顔面の膿疱は約八日後には最も拡がり、退行期に入る。膿疱は黄色くなり、破れる。そして一～二週間以内に痂皮を生じる。深い痂皮は二～四週間後に剥がれ落ちる。その際、陥凹して脱色した瘢痕(はんこん)が残り、白斑をきたす。そして、三ヵ月後には色素沈着が起こり、黒くなってくる。痂皮がすべて剥離(はくり)してしまうまでは、感染力があるので、患者は隔離すべきである。

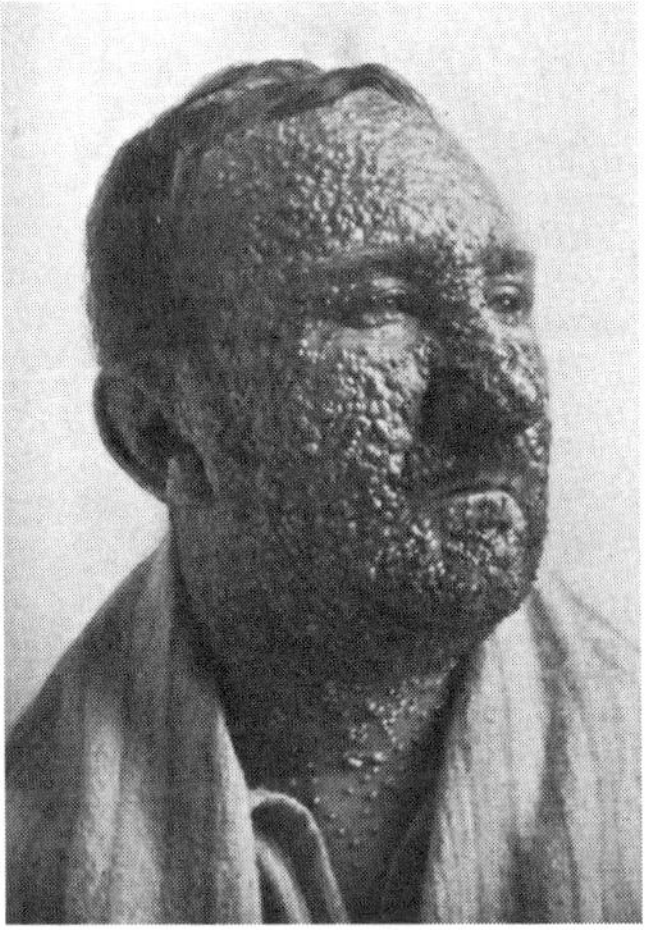

図17　典型的な痘瘡（天然痘）患者．顔面に無数の膿疱がある（1928）

五～一〇％の症例では、症状が急速に悪化してゆき、譫妄が出現する。この譫妄は、早期に高熱があるときに認められる。このような症例では、必ずといってよいほど、五〜七日で死亡する。病変が密に融合しているので、皮膚はクレープゴムのようにみえる。また、出血型の症例では、広範に皮下や腸管に点状出血がみられる。このような症例は、早期診断は困難であるが、予後は不良である。しかも感染率はきわめて高いので、とくに注意を要する。

死亡率は、種痘を受けている者は三％、受けていない者は三〇％に及ぶ。

診　断

非流行地域では、皮膚症状が出現する前には診断は困難である。水疱が出現した段階でもなかなか診断は難しい。鑑別すべき疾患として、水痘や薬疹がある。とくに水痘と誤診されやすい。紅斑が出た最初の二〜三日間は鑑別が困難である。水痘との大きな相違点は、痘瘡では、さまざまな皮膚病変が全身の部位によって同時に進行していくことである。

咽頭、結膜、尿中の痘瘡ウイルスの抗体価は時とともに低下していくが、回復期においても、痂皮からウイルスは容易に検出される。痘瘡ウイルスは、口腔・咽頭での綿棒から検出される。水疱内容物の塗抹標本には、好酸性の細胞封入体であるグアルニエリ小体が認められる。これは診断上有用である。検体から電子顕微鏡でウイルスの検出を行なう。ＰＣＲによる痘瘡ウイルスのＤＮＡ確認も診断に有用である。

予防対策と治療

痘瘡ウイルスの曝露を受けた症例やその疑いがある症例は、一七日間は完全に隔離すべきである。痘瘡患者は、一般病院に入院させると、かえって感染を拡げる可能性が大きいので、十分に注意すべきである。

予防には、皮内接種用の生ワクチンの接種、種痘が理想的である。ただし、ワクチンは終生免疫を保有するとはいいきれない。したがって以前にワクチンの接種を受けたヒトでも、痘瘡に感染する可能性があることを念頭においておかなければならない。

ワクチンはウイルスの曝露を受けても一週間以内であれば有効である。ワクチンの有効期間は三～五年とされている。

ワクチンの使用ができない場合は、種痘免疫グロブリンを使用する。曝露直後あるいは曝露後二四時間以内であれば、防御効果は十分ある。

痘瘡にとくに有効な抗生物質はないが、二次感染予防の意味で抗生物質を用いる。輸液や解熱・鎮痛などの対症療法が主体となる。

3　ブルセラ属菌

一般的事項

ブルセラ症は一七五一年、イギリス軍の軍医クレグホーンによって地中海のミノルカ島で発見された。そして一八八七年に、その病原菌が死者の脾臓（ひぞう）からブルースによって発見され、発見者の名にちなんでブルセラ症と名づけられた。この疾患は別名、波状熱、マルタ熱、または地中海熱とも呼ばれているが、ブルセラ属の細菌による感染症である。一般にウシ、ブタ、ヤギ、ヒツジなどに感染し、流産、胎児死亡、生殖器感染症をきたすことが知られている。世界各地にその分布が認められているが、なかでも地中海地域、アラビア湾岸、インド、そして中南米ではとくにメキシコ、ペルーが多発地域である。

ヒトへの主な感染経路は、皮膚の傷口、結膜、呼吸器および消化管である。牧畜などの動物との接触、チーズなどの非加工乳製品の摂取、海外旅行、汚染エアロゾルの吸入、実験室内での感染事故である。ブルセラ症は、その病原体を培養する実験者に高率に感染することがよく知られている。

生物兵器としてのブルセラ属菌

この細菌は、エアロゾルとして散布しやすいので、生物兵器の候補として検討されてきた。実際にアメリカは一九四二年に、ブルセラ属菌を生物兵器として開発した。この病原菌が長期間生存するよう工夫し、砲弾に詰め込んで、一九四四年から一九四五年にかけて動物を対象として、野原で攻撃実験を行なった。しかし、一九六七年までにアメリカは、攻撃用兵器としての開発と貯蔵をやめてしまった。開発された兵器は実戦では使用されることはなかったが、米軍はこの兵器で攻撃されることを想定して、防御用の研究を続けている。一九七八年にソ連は、ブルセラ属菌の大量培養に成功し、生物兵器化を実現した。

生物兵器として使用される場合は、エアロゾルとして散布するか、食べ物への混入である。砲弾に詰める場合は、スラリー型にして散布するか、乾燥してエアロゾルとして散布する。この細菌は多くの場合、致死よりも無能力化するのに用いられる。

症　状

ブルセラ症には特徴的な症状はない。症状が出ない不顕性感染が多い。臨床症状は実にさまざまであり、経過も多様である。

潜伏期間は、五日から二一日に及ぶ。しかし、これはときに数ヵ月続くこともある。最初に出現してくるのは、発熱や全身倦怠感である。
発熱、全身倦怠感、全身の疼痛、発汗の増加は、四大症状といわれている。発熱は非常に特徴的であり、夜間に発熱し悪寒を呈するが、昼は体温は正常に戻る。発熱とともに食欲不振、体重の減少や筋の脱力感をきたす。これらは数週間から数ヵ月、ときには一年以上も持続することがある。

他覚的には、リンパ節の腫脹、肝腫や脾腫をみることがある。

各臓器別症状を以下に示す。

●骨・関節系：よくみられる症状であり、全身の疼痛や関節痛をきたす。部位としては、仙腸骨炎が多い。膝および肘関節炎、骨膜炎、椎体炎なども起こる。

●消化器系：吐き気、嘔吐などをきたす。肝炎やまれに肝膿瘍をきたすことがある。

●呼吸器系：せき、呼吸困難、胸部痛をきたすことがある。

●泌尿器系：腎盂腎炎、膀胱炎、精巣・精巣上体炎もよく起こる。

●神経系：頭痛を訴えることも多い。重症では、脳脊髄膜炎が起こる。その他、くも膜下出血、脊髄炎が起こることがある。

●循環器系：心内膜炎はまれであるが、最も重篤な合併症であり、ブルセラ症の死因の八〇%はこれによる。

診　断

通常の臨床検査では特異的な所見はみられないことが多い。白血球の増加も通常はみられない。胸部X線検査は通常正常であるが、ときに肺浸潤や胸水をみることがある。肝機能検査では、ＬＤＨの上昇やアルカリフォスファターゼの上昇をみる。

軍隊などの集団で原因不明な熱が発生した場合は、ブルセラ症を常に念頭においておくべきである。具体的な診断法として、血液、骨髄液、病変組織から菌の培養・同定を行なう。また血清抗体価の上昇をみる。ＰＣＲも診断に有用である。

治　療

治療は通常は抗生物質が有効である。単独の抗生物質の使用は、再発をきたしやすい。したがって二種類以上の抗生物質を用いるのが通例である。

とくにストレプトマイシンとテトラサイクリンの併用が、病気の経過を短縮し治癒させることができる。心内膜炎や骨髄炎などでは外科的処置も必要なことが多い。関節炎、心内膜炎、中枢神経障害に対しては、ストレプトマイシンのようなアミノ配糖体系抗生物質を使用すべきである。しかし、症例によってはどんな抗生物質にも耐性を示すことがある。再発率は高い。再発は抗生物質の使用期間が短かったり、外科的処置が適切になされなかったりした場合に起こる。

汚染されたものは、除染するか消毒する。たとえば低温殺菌も有効である。

アメリカにおいては、ブルセラ症のワクチンはない。

4 Q熱リケッチア

一般的事項

Q熱は、一九三五年にデリックによって初めて記載された疾患である。最初は原因が不明であったために、疑問を意味する"Query"のQを付けてQ熱として報告された。のちに、これはリケッチアであるコクシエラ・バーネッティイの感染によって起こる病気であることが明らかにされた。このためコクシエラ症とも呼ばれている。

この病原体を保有する動物がきわめて多いことでも有名である。家畜として最も多くこのリケッチアを保有しているのは、ウシ、ヤギ、ヒツジ、ネコである。これら保有した動物が妊娠すると、リケッチアは胎盤において急激に増殖し、分娩時に厩舎(きゅうしゃ)を汚染する。乳汁、尿、糞便も感染源となる。感染はこの病原体で汚染された塵埃(じんあい)を吸入して起こる。ほかにもダニ、ハエ、シラミ、ツツガムシなど、たくさんの動物がリケッチアを保有している。したがって、これらの動物と接触する機会の多いヒトに感染の確率が高い。実際には、酪農や牧畜関係者、食肉取扱者、獣医師に多いとされている。

最近は、ネコなどのペットからの感染の増加が危惧されている。ときに非殺菌牛乳を飲用して発病することもある。ヒトからヒトへの感染はまれである。ヒトの場合、ダニの咬傷(かみきず)による感染は少ないとされている。

生物兵器としてのQ熱リケッチア

Q熱リケッチアは、化学兵器でいえば無能力化剤に相当するもので、致死率は意外に低い。Q熱リケッチアは、ヒトに対してきわめて感染力が強く、一個のQ熱リケッチアを吸入しただけでヒトに感染を引き起こすことができるとされている。このことは、アメリカでの志願者を使った実験でも明らかになっている。このように、ごくわずかな量でも感染することや、芽胞の状態では数週間は熱や乾燥にも耐えて生存し続けることが、生物兵器として有望視されてきた理由である。生物兵器として使用される場合は、吸入されやすい状態にされる。

かつてある脂肪精製工場から一〇キロメートルほども離れた場所にいて、風によって運ばれた粉塵(ふんじん)を吸入してQ熱が発生したことがある。感染力が強く、無能力化しやすいことに加えて、非常に生産しやすく、貯蔵しやすいという、生物兵器として最も有利な特徴を有する。このリケッチアは、発育鶏卵の中で速やかに増殖し、乾燥させると、一グラムあたり二〇兆個にも増える。このQ熱リケッチアをエアロゾル化すると、きわめて安定したかたちとなる。どんなに乾燥した状態でも、地表で五日から六〇日生き残る。とにかく外界での抵抗力が強く、土壌中でも一五〇日以上生存する。

こうした特徴を有するQ熱リケッチアは、これまで軍事的に注目されてきた。一九四一年三月、ユーゴスラヴィア南部に駐屯していたドイツ軍兵士の間で、風邪や気管支肺炎が流行した。この際四一%が肺炎に罹患していたことが、のちの調査で明らかとなった。同じく、一九四一年四月末から六月はじめにかけて、ユーゴスラヴィアの北部、セルビアで一〇二名が肺炎で入院した。そのときは住民には発病者はなかった。ドイツ軍のバルカン駐屯軍の顧問軍医デニング医師によると、一九四一年のはじめに、バルカン地域で一〇〇〇名もの患者が出ており、これは風邪の集団発生として「バルカン風邪」と名づけられていた。当時原因は不明であったが、わらや干し草の上で寝た兵士が発病していたという。

第二次世界大戦中のことであるが、イタリアのフィレンツェの近くの農家に宿営していたアメリカ兵数百名が、ある納屋で映画を鑑賞したあとにこのQ熱にかかった事例は有名である。幸いにして重篤な症例は出なかった。

Q熱リケッチアは、アメリカでは一九六九年以前に生物兵器として検討されていた。

症　状

Q熱は、急性Q熱と慢性Q熱の二つの病型がある。

a　急性Q熱

Q熱はさまざまな経過を示す。感染しても無症状のことも少なくない。Q熱の潜伏期間は、たいていの生物兵器の中で長い方であり、一〇日から三〇日である。リケッチアの吸入量が多い場合、症状の発現は早くなる。発症は急速のこともあり、徐々のこともある。

発熱、悪寒、前頭部痛は最も多くみられる症状であり、インフルエンザと誤診されやすい。主要症状は、高熱、悪寒、頭痛、筋肉痛、脱力感、発汗、食欲不振である。せきと胸部痛は、遅れて出現する。発熱は、二週間ほどは三九・四℃から四〇・六℃くらいを上下する。二五%の症例では発熱は二相性である。三分の二の症例では、有熱期間は一三日はど続く。約四分の一の症例は、頭痛などの神経症状を示す。胸部の聴診では、ラ音が聴取できることが多い。

治療しなければ、症状は二〜三週間続く。この場合、患者は疲れきってしまい、数週間は仕事ができない。無能力化剤としては理想的なのである。急性Q熱は、治療しなくても死亡率は低い。

b　慢性Q熱

急性Q熱から慢性Q熱に移行する頻度は、報告により〇〜八・七％と一定しない。慢性Q熱は数ヵ月ないし数年の経過で徐々に出現する。心内膜炎が大多数を占め、動脈炎、骨髄炎、肝炎がこれに次ぐ。心内膜炎の場合、患者の九〇％は心弁膜に基礎疾患を有しており、その約半数は大動脈弁、三〇％は僧帽弁、一〇％は両方の弁に異常をもつという。多くは亜急性心内膜炎のかたちで発症する。心内膜炎全体に占める慢性Q熱性心内膜炎の頻度は、一〜二％と推定されている。この慢性Q熱での心内膜炎では、肝臓にも病変が形成されることが多く、理学的所見として肝脾腫がみられることがある。予後は一般に不良であり、数ヵ月から年余にわたる長期間の化学療法を必要とするが、必ずしも十分な効果が得られない場合が多い。

検　査

血沈の促進、CRP陽性であり炎症反応がみられる。肝機能検査ではGOT、GPT、LDHの上昇をみる。白血球数は正常であることが多い。

胸部X線検査では、胸水の貯留を認める。この胸部X線検査異常は、半数の症例では数ヵ月間も持続することがある。髄液検査で無菌性髄膜炎の所見を呈することがある。

診断

Q熱は、インフルエンザやその他の熱性疾患と誤診されていることが多い。医療従事者あるいは患者がQ熱という疾患について知っているかいないかで、診断できるかできないかが決まるともいわれている。不明熱をみた場合は、本疾患を常に念頭においておくべきである。その他、マイコプラズマによる肺炎、レジオネラ症、オウム病などと鑑別しにくいし、症状が急速に進行する場合は、細菌性肺炎、野兎病、ペストなどとの鑑別は困難である。このQ熱では発疹は出ないし、皮膚病変はみられない。

　喀痰（かくたん）の染色、血清学的検査が診断に参考となる。Q熱の診断は、通常血清学検査でなされる。最も頻繁に行なわれている方法は、間接蛍光抗体法（IFA）や酵素免疫測定法（ELISA法）による抗体の検出である。Q熱リケッチアの菌には抗原のちがいによってI相菌とII相菌があり、体内の条件によって相互に転換する。急性Q熱では、II相菌に対する血清抗体価の上昇が、慢性Q熱では、I相菌とII相菌に対する血清抗体価の上昇がみられる。PCR法で、コクシエラ・バーネッティイのDNAを検出する。

予防と治療

非殺菌の生牛乳の飲用は避けるべきである。

Q熱は、ワクチンによって予防できるとされている。

急性Q熱では、治療としてテトラサイクリン系抗生物質が第一選択薬である。発病して二〜三日以内に抗生物質の投与を開始すると、経過を短縮できる。これを三〜四週間投与する。エリスロマイシンやアジスロマイシンなどのマクロライド系抗生物質も有効である。慢性Q熱に移行しなければ、急性Q熱の予後は良好である。

慢性Q熱では、使用薬剤や投与期間に一定の基準はない。テトラサイクリン系とリファンピシン、あるいはリファンピシンとストレプトマイシンの併用を行なう。

5　野兎病菌

一般的事項

野兎病は、野兎病菌の感染によって起こる病気である。この菌はグラム陰性の桿菌である。ヒトにも動物にも病気を起こすので、人畜共通感染症である。

この野兎病は、北米（ロッキー山脈、カリフォルニア、オクラホマ）、東ヨーロッパ、中東、シベリアに多い。わが国でも東北や関東でかつて患者の多発をみた。

野ウサギが最も多い感染源である。その他、数多くの野生動物、リス、ネコ、ネズミも感染している。第二次世界大戦中のソ連において、公衆衛生の崩壊により数十万人が野兎病に罹患した。一九四二年の一月には、ロストフ地区だけでも、一万四〇〇〇人もの患者が出た。第二次世界大戦中、野兎病はソ連軍においては最もやっかいな感染症であった。

当時のソ連においては、ドブネズミが主な感染源であった。野兎病菌は、動物の死骸の中で数週間、ときに数ヵ月間も生き続けることができる。ダニがヒトへの感染の媒介動物となる。その他、ヒトはさまざまなルートを通して感染する。

野兎病菌は通常、皮膚の傷口、眼の粘膜、呼吸器、消化管より侵入する。その中でも主な感染部位は皮膚と肺である。標的臓器は、肺、リンパ節、脾臓、肝臓、腎臓である。野兎病菌は菌の進入路や株の毒性によってさまざまな臨床像を示す。したがって野兎病の死亡率は、株によってそれぞれ異なってくる。野兎病菌は非常に感染力が強い菌で、感染率は九〇～一〇〇％である。消化管への感染は、汚染した食べ物を摂取することによって起こる。しかし、ヒトからヒトへ感染することはない。

生物兵器としての野兎病菌

ヒトがほんの一〇個の野兎病菌を吸入しても感染し、重篤な状態となり、ときに死亡する。悪寒や発熱から肺炎や激しい全身衰弱をきたす。たいていの無防備な人々は、一回の野兎病菌の生物兵器攻撃で発症する。そのような理由から、野兎病菌は有力な生物兵器となりうる十分な条件を備えているのである。野兎病菌を生物兵器として利用するさまざまな方法が長い間検討されてきた。

その結果、生物兵器として使用する場合、一マイクロメートルの大きさのエアロゾルにするのが最も理想的であるということになった。野兎病菌を生物兵器として使用する場合は、エアロゾル化したもので攻撃してくる可能性が大きい。

一九三二年から一九四五年まで、旧日本軍の731部隊は満州で野兎病菌を生物兵器化する研究をしていた。

第二次世界大戦以後、野兎病菌は生物兵器としてにわかに注目を浴びることとなった。とくにアメリカ、イギリス、カナダの研究者たちは、戦場で野兎病菌を使用することに向けて研究を続けていた。それは単に、感染した兵士たちにほどこす医療の集中治療システムを混乱させるのが目的であった。

ソ連の生物兵器の専門家であったアリベックは、アメリカ亡命後に次のように証言している（アリベック、一九九九）。

「ソ連は第二次世界大戦中からこの野兎病菌を生物兵器として使用する研究を開始していた。そして独ソ戦の最大の転機となったスターリングラード攻防戦のあった一九四二年の晩夏、ロシア南部で一時停滞していたドイツ軍機甲部隊の大量の兵士が一挙に野兎病に感染し、肺炎にかかった。それから一週間のうちに、何千というソ連軍兵士や一般住民たちが同じく肺炎を発病した。ソ連軍司令本部は、野戦救急部隊一〇個部隊を送りこんだ。その数からしても、尋常な患者数ではなかったことがうかがえる。このような野兎病の流行はソ連ではそれまでにまったく例がない不自然なものであった。一九四一年、ソ連における野兎病患者が一万人であったのが、スターリングラード攻防戦の年には患者数は一挙に一〇万人にはねあがった。そして一九四三年には野兎病患者はまた一万人にもどっている。以上のような状況からみてソ連軍は、ドイツ軍に向けて何らかのかたちで野兎病菌を撒いたに違いない。急に風向きが変わったのか。いずれにしろそれでソ連軍の兵隊たちも感染してしまい、地域住民にまで被害がひろがった」

一九四〇年に効果的な抗生物質が開発されて以後も、野兎病菌は急速に発病すること、症状は多様で非特異的であること、菌の同定や培養が困難であることなどから、理想的な生物兵器と考えられている。

一九五〇年代から一九六〇年代にかけて、アメリカ陸軍は、野兎病菌をエアロゾル化して散布する生物兵器を開発した。そして一九六〇年代の終わり頃には野兎病菌兵器をかなり貯蔵していた。しかし、一九七三年までにそれらをすべて廃棄してしまい、それ以後は米国陸軍感染症研究所で防御を主体とした研究がなされている。

アリベックによると、「ソ連は一九九〇年代の初期まで、野兎病菌兵器を生産し続け、抗生物質やワクチンがまったく効かない特殊な株の野兎病菌を完成していた」という。

一九七〇年のWHOの専門家グループの報告書によると、病原性のある野兎病菌のエアロゾル五〇キログラムを五〇〇万の人口を有する大都会に散布すると、一万九〇〇〇人の死亡者を含む二五万人の感染者が出るという。とにかく野兎病菌が生物兵器として使用された場合は、病院や医師たちは一度にどっと押し寄せてくる患者に、なかなか対応しきれるものではない。この野兎病菌は医療機関の機能を麻痺させてしまうのが主な狙いという証言もある。化学兵器にたとえるならば、無能力化剤に相当するものである。

この野兎病では、発熱、局所皮膚粘膜の潰瘍、局所的なリンパ節の腫脹、そして肺炎（ときどき起こる）が特徴的な所見である。

野兎病は臨床徴候によって、大まかに潰瘍リンパ節型と肺炎型の二つに分類できる。通常では前者が圧倒的に多い。

a　肺炎型

これはフランシセラ肺炎とも呼ばれている。生物兵器としてエアロゾル化された野兎病菌を吸入して起こる。

潜伏期間は一～一四日（平均三～五日）である。発症は急激であり、インフルエンザ様の症状で発症する。三八～四〇℃の発熱、悪寒、全身の疼痛（とくに腰痛）、鼻水、咽頭痛、脈拍・体温解離（体温は上昇するが、脈の数が増えない現象）があり、患者はせき、胸部痛、胸部圧迫感を訴える。さらには、膿痰、呼吸困難、頻脈、胸部痛、喀血をきたすようになり、肺炎の所見を呈してくる。悪心、嘔吐、下痢もときに起こる。病気が持続するにつれて発汗、発熱、全身倦怠感、易疲労感、食欲不振、体重減少がみられるようになる。

志願者への野兎病菌のエアロゾル曝露実験では、最初の一日か二日は無能力化される。抗生物質治療を始めても、数日間は著しい作業能力の低下がみられる。抗生物質治療をしない場合は、症状はしばしば数週間続くが、ときには数ヵ月間続き、徐々に全身衰弱が起こってくる。

エアロゾルを吸入すると、当然のことであるが肺に病変、肺炎が起こるが、他に咽頭炎、気管支炎、肋膜炎、肺門部リンパ節炎が起こる。肺にできた病変から、血液を通して全身に拡がり敗血症、まれに髄膜炎をきたすことがある。

潰瘍リンパ節型でも肺炎がみられることがある。この場合、リンパ節が腫脹し一センチメートルよりも大きくなることはなく、皮膚・粘膜病変もない。

b 潰瘍リンパ節型

これはリンパ節型とも呼ばれており、皮膚・粘膜の病変、リンパ節の一センチメートル以上の腫脹、あるいは両者が特徴的である。三日から六日後に、多様な症状を示すようになる。最も多いのが発熱であり、それに次いで悪寒、頭痛、せき、筋肉痛がみられる。患者は胸部痛、嘔吐、関節痛、咽頭痛、腹痛、下痢、背部痛、項部痛を訴える。皮膚の潰瘍は、約六〇%の症例にみられ、野兎病の最もありふれた所見である。潰瘍は一般に一個であり、直径は〇・四センチから三・〇センチに及ぶ。潰瘍がある場合、かならずリンパ節の腫脹がある。リンパ節の腫脹は、約八五%の症例にみられ、最初でかつ唯一の所見である。リンパ節は通常圧痛があり、その直径は〇・五～一〇センチにも及ぶ。腫脹したリンパ節は大きさが変動し、三年間も持続することがある。

予　後

潰瘍リンパ節型の症例は、治療しなければ約四％が死亡するが、肺炎型の場合は三〇～六〇％が死亡する。肺炎が起こると死亡率が高くなる。しかし、最近は抗生物質治療法の進歩により死亡率は一～二・五％と減少している。死因は、呼吸不全、敗血症や散在性血管内皮凝固症候群による。

検　査

末梢血では、白血球の増加がみられるほかはとくに目立った異常はない。胸部の理学的所見として、胸部聴診でのラ音、肺浸潤の所見がみられる。肝機能検査では、GOT、GPT、アルカリフォスファターゼ、LDHの上昇がみられることが多い。ときに横紋筋融解症が起こり、血清中のクレアチンキナーゼの上昇や尿中のミオグロビンの増加をみる。

胸部X線所見は、本疾患に特有な所見はなく、基本的には肺の浸潤陰影が主体である。早期には、気管支周囲の浸潤像である。さらに進行すると、一つまたはいくつかの肺葉の気管支肺炎がみられる。しばしば肺門部リンパ節腫脹や胸水も認められる。

診　断

野兎病は比較的まれな疾患であるので、それが疑われなければ、診断されることは少ない。潰瘍リンパ節型は、特徴的な所見がみられるので、診断は決して困難ではない。肺炎型の場合は、曝露歴がはっきりしないことや症状や所見にあまり特徴がみられないこともあり、一般に診断は難しい。野ウサギとの接触歴が野兎病診断のきっかけとなることがある。鑑別診断の対象となるのはすべての肺炎であり、レジオネラ症、ペスト、結核などがあげられる。

野兎病の確定診断には、咽頭洗浄液や喀痰、ときには血液からの菌の検出が大切で、血液培養も重要である。野兎病の診断には、ＥＬＩＳＡ法が有用であるとされている。またＰＣＲ法も診断に役立つ。

予防と治療

野兎病菌の曝露後、抗生物質による予防は困難である。ストレプトマイシンを曝露後二四時間内に投与すると有効であるという報告がある。アメリカではワクチンもできており、エアロゾル攻撃にも有効であるといわれている。日本にはまだワクチンはない。

治療においては、すぐに抗生物質を使用すると症状は抑えられるが、投与が遅れるほど症状は長引く。治療薬としては、ストレプトマイシンやゲンタマイシンが最も有効である。テトラサイクリンとの併用（内服）も有効である。ソ連では、テトラサイクリンが最も有効であるとされてきた。

集団発生した場合は、シプロフロキサシンやドキシサイクリンの経口投与を行なう。クロラムフェニコールも有効であるが再発しやすい。ペニシリンやセファロスポリンは無効である。化膿したリンパ節を切開すると、難治性の傷跡が残るので、切開してはならない。

6　ペスト菌

一般的事項

ペストは、ペスト菌によって起こる感染症である。ペスト菌は、グラム染色陰性の桿菌である。これはもともとはネズミ属間に流行する疾患であるが、しばしばヒトの間にも大流行を起こしてきた。

ペストは、歴史上最も恐ろしい伝染病といわれてきた。ペスト流行の歴史は古いが、とくに一四世紀ヨーロッパ全域に大流行し、猖獗（しょうけつ）をきわめた黒死病（black death）は有名である。

当時、ヨーロッパの人口の四分の一がこの病気で死亡した。

この黒死病というのは、ペスト菌に感染すると、皮膚は内出血のため真っ黒くなり、徐々に衰弱し、つぎつぎと死亡し、それが腐敗し、うち捨てられていく悲惨な状況にもとづいて付けられた病名である。黒死病は、まるで風邪かインフルエンザのようにいとも簡単に感染の輪が拡がっていった。このペストは、一四世紀に四回、一五世紀に七回、一六世紀に七回、一七世紀に八回の大発生をみた。一六六五年に発生したロンドンの大流行では、一週間に七〇〇〇人ずつ死んでいった。

最後に大流行したのは一八九四年、中国大陸であった。流行は一〇年以上も続き、香港から世界中の港町へ拡がっていった。やがてインドのボンベイ（現ムンバイ）やサンフランシスコなどアメリカの太平洋側の町を襲った。二六〇〇万人以上が感染し、死亡者は一二〇〇万人にも及んだ。このペストの流行の際には、日本から細菌学者である北里柴三郎が香港に派遣され、調査の結果ペスト菌を発見した。

二〇世紀に入ると、ペストの流行はめったにみられなくなった。それでもアメリカ西部での流行が報告されている。テキサス、カリフォルニア、そしてシエラネヴァダなどでは、プレーリードッグやシマリスがペスト菌の感染源となっている。その他、インド、アフリカ、南アジア、ヨーロッパの東南地域でも流行がみられた。ヴェトナムに駐留していたアメリカ軍兵士もペストに侵された。

最近では一九九四年にインドで肺ペストが猛威をふるった。死者五一名、入院患者四七九三名であった。

生物兵器としてのペスト菌

ペスト菌は古くから非常に魅力的な生物兵器と考えられてきた。それはこのペスト菌は過去にヨーロッパの大流行からみて非常に感染力が強いことが広く知られていたからである。とりわけ肺ペストが恐れられてきた。

一九三〇年代に旧日本軍の731部隊がペスト菌兵器を開発した。731部隊のペスト菌兵器は一九四〇年以降、南京や上海付近で使用された。ソ連もペスト菌兵器を開発した。アメリカは一九六〇年代に、ペスト菌を生物兵器として研究していた。一〇〇〜五〇〇〇個のペスト菌を吸入すると、感染すると信じられている。直径一〜五マイクロメートルのエアロゾル化された液体の小滴は、無防備な市民に対して恐るべき致死性を発揮するからである。

しかし、この細菌の感染力を維持することが困難であることや安定性が欠けるために、生物兵器化するには大きな支障が存在していた。

症状

ペストは、ヒトにおいては二つの病型がある。感染したネズミに住みついたノミにかまれて感染する場合と、ヒトからヒトへせきやくしゃみなどの飛沫により呼吸器を通して感染する場合である。

一般に、高熱、著しい筋力低下、リンパ節の腫脹と肺炎を呈し、急速な臨床経過をたどることが特徴である。治療しなければ、急速に進行し、死亡する。皮膚や粘膜に出血が起こることがある。とにかくこの疾患は、治療しなければ、わずか一〜二日の経過で死亡する恐ろしい疾患である。

a　腺ペスト

ペストの中で最も多い病型である。ノミを仲介して、ペストはネズミからヒトに伝染する。この病型は本質的には、「ネズミ―ノミ―ネズミ感染サイクル」によって拡がり続ける。ペスト菌はリンパ系を通して拡がるが、鼠蹊部のリンパ節が著しく腫脹することから、腺ペストと呼ばれてきた。ペスト菌はリンパ節から血流に入り、全身性の菌血症を起こし死亡する。脾臓、肝臓、髄膜も侵される。

b　肺ペスト

菌血症からくることもあるし、エアロゾルなどの飛沫感染によっても起こる。二～三日間の潜伏期間ののちに、急性に劇症の肺炎が起こってくる。この際、全身倦怠感、高熱、悪寒、頭痛、筋肉痛が出現する。しばしば発症から二四時間以内に、喀痰をともなうせきが出るようになる。通常喀痰に血液が混じる。これが肺ペストの特徴である。

肺ペストの最も共通した所見として、胸部X線検査では両側の肺に浸潤像がみられる。病状は急速に悪化し、敗血症を起こす。そして呼吸困難、喘鳴、チアノーゼ、さらにはショック、呼吸不全、出血傾向が出現してくるようになる。肺ペストの末期には、患者の背中に大きな出血斑ができてくる。肺ペストは治療しなければ通常死亡する。死亡率は一〇〇%であるとされている。肺ペストの場合、患者が少なくとも三日間抗生物質治療を受けないと、感染の危険性がある。

診　断

予備診断は、末梢血、喀痰、リンパ節の生検による組織などのグラム染色陰性の球桿菌を見出すことにある。

予防と治療

生物テロとして曝露を受けた場合や肺ペストの患者と接触した場合、第一選択薬となるのは抗生物質である。ペストに最も有効な抗生物質はストレプトマイシンといわれてきた。テトラサイクリン、ゲンタマイシン、クロラムフェニコールそれにドキシサイクリンも有効とされてきた。

予防対策として、ドキシサイクリンを経口的に一日に二回、七日間あるいは曝露の危険性がある期間投与する。シプロフロキサシンも動物実験では曝露後の予防に有効とされてきた。

消毒は煮沸が有効である。ペスト菌は五四℃、一五分間の熱の曝露で死滅する。あるいは、三〜五時間日光にあてるだけで死滅する。

7　ボツリヌス菌毒素

一般的事項

一八九五年、ベルギーのエルメンゲは、ソーセージなどの肉の加工品で食中毒を起こす原因菌を発見した。ソーセージは、ラテン語でボツルスという。これにちなんで、この菌をボツリヌス菌と名づけた。嫌気性の桿菌であり、自然界では土壌、池や湖の底の泥や野菜などに生息し、芽胞を生産する。この芽胞がさまざまな食品を汚染してきた。食べ物の調理加工が不適切であると芽胞が生き残り、密閉されたカン詰やビン詰の中で発芽し、菌を放出する。菌は酸素の少ないところで繁殖して致死性の猛毒素を分泌する。

ボツリヌス菌は、八種類の毒素を分泌することがわかっている。この毒素は経口摂取した場合、最も致死性の高い神経毒である。ボツリヌス菌毒素は、神経系に選択的に作用する。いったん吸入されたボツリヌス菌毒素は、血液を通して全身に運ばれ、末梢のコリン作動性シナプス、主に神経筋接合部に到達し、そこで不可逆的な結合をする。毒素は神経終末に取り込まれ、そこでアセチルコリンの放出を阻害する。その結果、筋肉に弛緩性の麻痺が起こる。すべての病型のボツリヌス中毒で、ほとんど同じ中毒症状が出現してくる。

自然発症によるボツリヌス中毒には、一般には食事性、腸管性、創傷感染性の三つの病型がある。食事性の場合は、ボツリヌス菌毒素を経口摂取して起こる。腸管性の場合は、腸管内腔に感染したボツリヌス菌により毒素が産生されたために起こる。創傷感染性のものも、損傷した皮膚にボツリヌス菌が入り、そこで毒素が産生されて起こる。正常な皮膚からはボツリヌス菌毒素が浸透することはない。

第四の病型が生物兵器によるものである。これは、ボツリヌス菌毒素をエアロゾル化したものを吸入して起こるものである。

生物兵器としてのボツリヌス菌毒素

ボツリヌス菌毒素は、毒性が非常に強く、致死率もきわめて高いこと、通常使用される抗生物質が有効でないこと、重篤な症状が急速に起こり長期にわたる治療を要すること、製造と運搬が容易であることなどから、生物兵器としてはまさに理想的な毒物であると考えられている。ただエアロゾルとして散布した場合は、その毒性は低下するとされている。

一九三〇年代にはすでにボツリヌス菌毒素が生物兵器として注目されていた。実際にボツリヌス菌毒素を生物兵器として開発し、使用し始めたのは日本軍の731部隊で、一九三〇年代の終わり頃、満州において二人の捕虜にボツリヌス菌毒素入りの食事を与えて生体実験をしていたことが明らかにされている。

アメリカの生物兵器プログラムは、第二次世界大戦中に初めてボツリヌス菌毒素を生産した。ドイツ軍がすでにボツリヌス菌毒素兵器を完成しており、必ずやボツリヌス菌毒素で攻撃してくるものと考え、ノルマンディー上陸作戦に備えて、連合軍兵士一〇〇万人分以上のボツリヌス菌毒素ワクチンを生産した。しかし、この生物兵器プログラムは、一九六九～七〇年に当時のニクソン大統領の命令により中止された。

ボツリヌス菌毒素を生物兵器として使用するという研究を行なっていたのはアメリカだけ

ではなかった。一九七二年の生物毒素兵器禁止条約では、攻撃目的の研究と生物兵器の生産を禁止したが、加盟国であるイラクとソ連は、引き続き兵器使用目的でボツリヌス菌毒素を生産していた。

アリベックは、「ボツリヌス菌の遺伝子を他の細菌に組み込む試みを行なっていた」と述べている。ソ連崩壊後、研究は縮小されたが、継続されているという。現在、ボツリヌス菌毒素を生物兵器として開発し、それを保持しているとされる国はイラン、イラク、北朝鮮、シリアであり、アメリカ政府はそれらの国をテロリズム支援国家としてリストにあげている。なかでもイラクは、ボツリヌス菌毒素兵器に非常に大きな関心をもち、大量のボツリヌス菌毒素を生産し、ミサイルや特殊爆弾にそれを装塡して国内各地にそれを配備してきた。ボツリヌス菌毒素を兵器として使用する場合は、エアロゾルというかたちで散布するとされている。その場合は、相当の広範囲に被害が出るものと予想される。たとえば一ヵ所でボツリヌス菌毒素を散布した際には、風下〇・五キロメートル範囲内の住民のうち一〇%を無力化させるか殺すという予測もある。

また一方、テロリストたちがこれを故意に食品類に混入し、攻撃してくる可能性が少なくない。このような場合は、わずか一つの食材でボツリヌス中毒の集団発生をきたすことになる。経口摂取による致死量は、一マイクログラムとされている。

症　状

食物を介したボツリヌス中毒では、摂取から一二~三六時間で神経症状が起こる。生物兵器としてエアロゾルとされたものは吸入曝露後二四~七二時間で発症する。

発症は常に急性である。ボツリヌス菌毒素は、運動神経とくに脳神経に強い影響を及ぼす。二次感染を起こさない限り、発熱をきたすことはない。意識障害をきたすこともない。つまり経過中に意識ははっきりしている。

初発症状となるのは脳神経領域の症状である。脳神経に多様な障害がみられる。ボツリヌス菌毒素による脳神経障害は常に左右対称性である。外眼筋が麻痺することにより、眼瞼は垂れて、下垂してくる。眼球運動の障害が起こり、物が二つに見える複視や物がぼやけて見える霧視が主要症状となる。瞳孔は散大し、固定している。また咬筋の筋力低下のため、かむ力が弱くなる。物を飲み込みにくくなる嚥下障害や、言葉が出にくくなる構音障害も起こる。声門麻痺による上気道の閉塞も起こる。

そのうち頸部、軀幹や四肢の筋にも麻痺が起こり、筋力低下も広範にみられるようになる。頸部の筋の麻痺により、首が座らなくなる。全身の筋力低下が著明になる。横隔膜と呼吸筋の麻痺が強くなると、呼吸が困難となり、窒息死する。死因は呼吸麻痺である。呼吸管理を続けても回復は非常に遅く、かなりの筋力が出てくるまでには数週間から数ヵ月はかかる。

ボツリヌス菌毒素の検査には、ポリメラーゼ連鎖反応（PCR）やELISA法がある。エアロゾル化された毒素は血清や便からの同定は困難である。

症状は重症筋無力症にきわめてよく似ている。しかし、ボツリヌス中毒では、重症筋無力症で陽性に出るエドロフォニウムテストは陰性である。ギラン・バレー症候群でも類似の症状が出てくる。この際は髄液検査が必要となる。フィッシャー症候群でも類似の症状がみられる。脳血管障害でも似たような症状がみられる。この際症状はふつう左右差がある。

予防と治療

予防対策には、ウマ血清抗毒素を用いる。

ボツリヌス中毒に有効な抗生物質はない。どんな抗生物質もこの中毒には役に立たないのである。

ボツリヌス中毒の治療の基本は、呼吸管理と抗毒素の使用である。呼吸管理として気管内挿管を行ない、機械的換気が必要となる。呼吸管理をいかに速やかに行なうかが、生死の分かれ目となる。人工呼吸器を用いるが中毒が集団発生した場合は対処が困難をきわめることもある。

もちろん、水分や栄養の補給も大切である。口から水分や栄養がとれないので、鼻腔から経管栄養を続ける。

抗毒素は、ボツリヌス中毒が疑われる場合、速やかに静脈注射すべきである。ボツリヌス中毒の症例が見つかった場合、速やかに、ほかにボツリヌス菌毒素に曝露された症例がないか探すことが大切である。抗毒素血清は、麻痺を回復させることはない。

消毒には、次亜塩素酸塩の一～二％液を用いる。ボツリヌス菌毒素は熱にかなり敏感であるので、一五分間煮沸する。食べ物の中にある場合は、三〇分間料理すると毒素を消すことができる。

8 トリコセテン・マイコトキシン

一般的事項

トリコセテンは真菌毒素マイコトキシンである。マイコトキシンは真菌の産生する有害な代謝産物で、低分子量の非揮発性の化合物である。糸状の真菌（フザリウム属、ミロテシウム属、トリコデルマ属など）はトリコセテンのほかに、アフラトキシン、ルブラトキシン、オクラトキシンなどマイコトキシンをつくる。そのうちトリコセテンには一五〇の誘導体があり、その中で最も毒性が強いのが、T－2マイコトキシンである。トリコセテン・マイコトキシンには、強力な蛋白や核酸の合成の抑制作用がある。それらは主に骨髄、皮膚、粘膜上皮、生殖細胞に影響を及ぼす。トリコセテン・マイコトキシンは、皮膚障害が主体となるという点で他の毒素と異なった作用を有する。

生物兵器としてのマイコトキシン

トリコセテンをつくる真菌は、植物に対しても病原性があり、種々の農作物や植物にも被害を及ぼす。フザリウムやその他の真菌は、重要な食料品にも害を及ぼすのでヒトや動物にも有害であり、生物兵器とみなされてきた。

一九七四年から一九八一年に、ソ連とその同盟国は、アフガニスタン、ラオス、カンボジアで化学生物兵器を使用した。この際マイコトキシンは、エアロゾルのかたちで飛行機などから散布された。その毒素は皮膚に粘着し吸収されたか、肺から吸収されたか、嚥下された。エアロゾルを含んだ雨の色から「黄色い雨」と呼ばれた。

この散布により、ラオス（一九七五～八一）、カンボジア（一九七九～八一）、アフガニスタン（一九七九～八一）でかなりの死傷者が出たとされている。ラオスでは六三〇〇人以上、カンボジアでは一〇〇〇〇人以上、アフガニスタンでは三〇〇〇人以上が死亡したとされている。被害者のほとんどは無防備の市民やゲリラであった。このうちどの程度がマイコトキシンによるものであったかは、これらの攻撃がジャングル奥深くで行なわれていたためサンプルを回収することが非常に難しく、推定することができない。

トリコセテン・マイコトキシンは、飛行機、ロケット、ミサイル、砲弾、地雷、携帯用散布器から粉塵、小滴、エアロゾル、煙として散布できる。

これらは対人兵器として有効であること、大量生産が可能であること、非常にさまざまな方法で散布できることから、トリコセテン・マイコトキシンのうちでもT－2マイコトキシンは生物兵器としてきわめて理想的であるとみなされている。トリコセテン・マイコトキシンの少量が散布された場合、皮膚、眼、消化器に障害を起こす。

症状

トリコセテン・マイコトキシンの曝露を受けた症例の病状は、栄養状態、肝障害、消化器感染症、毒素の侵入経路などさまざまな要因によって左右される。

トリコセテン・マイコトキシンの主な侵入経路は、皮膚の曝露と汚染された食べ物の摂取である。T－2やその他のマイコトキシンは皮膚を通して吸収される。皮膚一平方センチメートルあたりナノグラムの曝露では刺激症状が出現し、マイクログラムでは壊死を起こす。

眼に曝露された場合、マイクログラム単位で非可逆性の角膜障害を起こす。

トリコセテン毒素は、吸入された場合はあまり毒性は強くない。ヒトにおける吸入により中毒症状が出現する量は二五～五〇mg／kgとされている。ところが皮膚からの吸収では、わずか二・四～八mg／kgとされている。

初発症状は、曝露後数分以内に起こる。皮膚の灼熱感、発赤、圧痛、水疱から皮のように黒化し壊死をきたす。致死例では、皮膚の広範な部位に腐肉形成をみる。鼻に付着すると、痒(かゆ)み、疼痛、くしゃみ、鼻血、鼻水が出る。肺に奥深く吸入した場合、呼吸困難、喘鳴、せきが出てくる。口や咽頭に曝露した場合、疼痛や血の混じったつばや痰が出る。腹部症状として、食欲不振、吐き気、嘔吐、腹痛をともなう水溶性または血性の下痢がみられる。

眼に曝露を受けた場合、眼痛、流涙、発赤、霧視が起こる。全身性の中毒症状として、めまい、疲憊(ひはい)、脱力感、失調性歩行、協調運動障害が起こる。死亡例では、頻脈、体温低下、低血圧が起こる。その場合、数分のこともあるし、数時間、数日のこともある。

治　療

救急治療として水と石鹸で洗い流すことが何よりも重要である。曝露後一～三時間以内に洗うことによって、障害を著しく減らすことができる。
いったん発症した場合は、現在のところ特別の治療法はない。有効なワクチンもないし抗生物質もない。治療は対症療法が主体である。

9 リシン

一般的事項

トウゴマ（唐胡麻、ヒマ）は古代エジプト時代から、潤滑油や緩下剤として使用されてきた。とくにその種子はヒマシ油の原料として広く栽培されてきた。第一次世界大戦や第二次世界大戦の際には、航空機用の潤滑油として重宝された。

トウゴマの種子に猛毒な物質が含まれていることが、数世紀前から漂泊民族の人々に知られていた。ヒマシ油を絞り出した残りの種子はとくに毒性が強いことも経験的にわかっていた。

一九世紀末エストニアのスチルマークは、トウゴマの種子を抽出して有毒の蛋白を発見し、それをリシンと名づけた。トウゴマの種子による中毒の報告が少なかったため、医学的にあまり注目されなかった。そのため、治療や予防法についての研究はほとんどなされていなかった。

このリシンは、ボツリヌス菌毒素よりも毒性は低いが、ヒトは七二ミリグラムを服用すると死亡するとされている。

生物兵器としてのリシン

トウゴマは世界中いたるところに雑草のように生えているので、リシンをつくる原料はどこでも容易に入手できる。しかもエアロゾルはつくるのが簡単で、安定性がある。生産が非常に容易であること、比較的毒性が強いこと、中毒症状の発症が数時間と早く、予防・治療薬がないことによって、アメリカの生物兵器の専門家は早くからリシンに目をつけていた。そこで生物兵器として取り上げ、「W物質」というコード名を付けた。

アメリカの情報機関は、第一次世界大戦中にドイツが一対一の対人兵器としてリシンを兵器化したという情報をつかんだ。そこでアメリカは、第一次世界大戦もいよいよ終わり近くになって、本格的にその兵器化の研究を始めた。第二次世界大戦中にイギリスの協力を得て、「W爆弾」が生産された。その兵器は何度もテストされたが、最終的には戦場に投入されることはなかった。

一九七〇年代には、ソ連も生物兵器としてリシンに注目していた。

一九八〇年代には、イラクは大量のリシン兵器をサルマン・パクにある工場で生産していたことが知られている。それが実際に使用されたか否かは不明である。

一九九〇年代に入って生物兵器としての脅威が増してきている。兵器として使用する場合はエアロゾルの散布であり、テロに使用する場合は注射である。

アメリカでは、右翼の過激派グループが、政府を攻撃するためのリシンを所持し、逮捕された例がすでに数件ある。また、二〇〇三年一月、イギリス警察のテロ対策部隊は、リシンを製造していた六名のテロリストを逮捕した。このように、リシンによるテロの危険性は国際的に拡がりをみせてきている。リシンは、本来は化学物質であるので、化学兵器禁止条約ではリストに入っている。

症状

リシンのヒトに対する報告は少ないが、それが吸入されたものによるのか、経口的に摂取されたものによるのか、注射されたものによるのか、によって症状が異なることはいうまでもない。

a 注射

リシンの少量を静脈注射した人体実験では、まずインフルエンザ様症状、全身倦怠感や筋肉痛が共通してみられた。ときに吐き気や嘔吐もみられた。これらの症状は静注後四〜六時間頃から始まり、一〜二日続いた。

リシン注射によるマルコフ暗殺事件は、重症・致死例としてきわめて貴重な例であるので、ここに紹介しよう。

「彼はリシンを五〇〇マイクログラムほど、こうもり傘に仕込まれた金属球で注入されたようであり、注入後ほとんどすぐに大腿部に局所痛が起こっている。そして約五時間もたつと全身に脱力感が出現した。一五時間から二四時間後に、高熱、吐き気、嘔吐が出現した。事故から三六時間後には全身状態が急速に悪化したため、セント・ジェームズ病院に運ばれ、入院した。入院時には、血圧は正常であったが、発熱、頻脈がみられた。患側の大腿部のリンパ節は腫脹し、疼痛を訴えていた。大腿部の注射された部位には、直径六センチの硬結ができ、広範な炎症が認められた。事故から二日後には突然、血圧が低下し、頻脈（一六〇／分）がみられ、ショックを呈した。血液検査では、白血球は二万六三〇〇と著しく増加していた。事故から三日目となると、無尿となり、吐血を始めた。四日目の九月一一日に、心電図検査では、完全房室ブロックが出現した。蘇生術が精力的に行なわれたが、マルコフは死亡した」（フェザリング、二〇〇三）（事件の経緯については二二四ページBOX⑨参照）。

この暗殺事件のように、ヒトが大量のリシンを注入された場合は、注入部位付近の筋肉やリンパ節の壊死、消化管出血、肝臓の壊死、瀰漫（びまん）性の腎臓や脾臓の障害が起こり、最終的には多臓器不全をきたし死亡する。

b 吸入

ヒトがエアロゾルに曝露された場合の影響についてはまだ十分なデータはないが、動物実験のデータからみて、経口摂取や注射と同様の所見がみられるとされている。ヒマシ油製造工場でトウゴマの種子の粉塵の曝露を受けた労働者では、アレルギー症状が報告されている。急性に起こる鼻と喉の充血、眼の痒み、じんましん、息苦しさが特徴的である。さらに重症例では、喘鳴から喘息をきたす。このような症例では、曝露から離れ、対症療法を施すことで症状は消失する。

リシンのエアロゾルを吸入した場合、約三時間くらいして、せき、胸部圧迫感、呼吸困難、悪心、食欲不振、筋肉痛が起こり、これらの症状は徐々に悪化する。肺や上気道の炎症が強くなり、呼吸困難やチアノーゼをきたすようになり、三六時間から四八時間後に呼吸不全や循環障害で死亡する。曝露量が多いほど早く発症し、死亡率も高いことがわかった。解剖により、全例に肺病変がみられた。また、マウスやラットでの実験では、高濃度の吸入で肺障害をきたし、それで死亡すると報告されている。
リシンのエアロゾルの大量曝露では肺に主病変がみられ、瀰漫性壊死性肺炎が起こり死亡する。その他、肝障害や腎障害も起こる。

c　経口摂取

経口摂取の場合、他の経路よりも毒性が低い。これは多分、吸収が悪いのと、消化管内である程度消化されるためであろう。
トウゴマの種子を経口摂取した場合、重症例も致死例も同様の病像を示す。二～三時間以内にまず吐き気、嘔吐、腹痛が起こり、これに続いて下痢、血便、無尿、痙攣、瞳孔の散大、発熱、口渇、咽頭痛、頭痛、血圧低下、ショックをきたすようになる。そして三日以降に死亡する。経口摂取による共通した病理学的所見は、胃や小腸粘膜の多発性の潰瘍と出血である。これらは著明である。腸間膜のリンパ節の壊死もみられる。その他、肝臓、腎臓、脾臓の障害が起こり、循環不全で死亡するとされている。

診　断

エアロゾルの曝露を受けた場合、多くの肺病変を起こす疾患と鑑別されなければならないので、鑑別診断は困難である。リシンの吸入曝露の場合、血液や体液についてのELISA法や免疫組織学的検査が、リシン中毒の診断に有用である。

治療

現在のところ有効なワクチンはない。しかしアメリカは、そのようなワクチンを開発しようとしている。また抗毒素血清もないので、治療は対症療法に頼るしかない。リシンを吸入した場合、酸素吸入を行ないながら、消炎剤を与え、心肺機能を維持する。リシンを経口摂取した場合は、胃洗浄をするとともに、十分な輸液を行なう。

リシンを注射された場合、対症療法を行ないながら、多臓器不全の治療をほどこすしかない。

リシンの曝露を受けた場合は、水と石鹼で除染を行なう。

BOX⑨　こうもり傘殺人事件

一九七〇年代、ソ連はリシンを暗殺用の兵器として開発し、これをどのようにして使用するか実験を重ねていた。リシンをエアロゾルにしたものを皮膚に塗布する方法、服用させる方法、銃弾に詰めて打ち込む方法の三つが攻撃用手段として検討された。三つめの手段の場合、痕跡を残さずに使用できる工夫がなされた。こうもり傘殺人事件についてはたくさんの記載があるが、ここではフェザリング（二〇〇三）の著作からかいつまんで紹介しよう。

まず最初にねらわれたのは、反体制派の文学者ソルジェニーツィンである。このときは皮膚に塗布するという方法をとった。しかし、ソルジェニーツィンには、大してひどい症状は起こらなかった。それでもソ連は、このリシンを有望な生物兵器と位置づけていた。

ソ連はブルガリアのジフコフ大統領のたっての要請により、当時のKGB議長アンドロポフを通して、ブルガリア政府にリシンを渡した。これはブルガリア亡命者の暗殺に使用されることとなった。

この作戦はソ連KGBのカルーギンに任されることになった。一九七八年頃に、カルーギンは直径一・五二ミリの金属球にドリルで十字に穴をあけ、そこにリシンを埋め込み、体温で溶けだすことをねらってロウで封印した。この金属球をこうもり傘の外観をした銃で発射するようにつくり上げた。カルーギンたちは、これによる致死的効果を確かめるために、まずウマで実験をし、ついで死刑囚で確かめた。しかし、その死刑囚は死ななかったので、改良を重ねた。

暗殺に直接手をくだしたのは、ブルガリアの秘密警察である。これは、冷戦時代に起こった最も有名な生物テロ事件として、また最も緻密（ちみつ）に計画された暗殺事件として世界的に有名となった。

実際にリシンによる暗殺事件は一九七八年九月七日にロンドンで発生した。この事件でリシンの毒性の強さが一躍有名となった。かつてブルガリアのジフコフ大統領の友人であったが、反体制派としてロンドンに亡命し、BBCでニュース解説者として働いていたマルコフが主要標的とされた。マルコフはブルガリア政府を徹底的に非難していたため、「おまえは必ず殺される」という脅迫電話をたびたび受けていた。

一九七八年九月七日の午後一時三〇分頃、マルコフはロンドンにあるBBCの彼のオフィスに戻ろうとしてウォータールー橋のそばのバス停に立っていた。そのとき、いきなり右大腿部後部に刺すような衝撃を覚えた。振り返ってみると、見知らぬ男がこうもり傘を拾い上げようと体をかがめているのが見えた。その男は、外国なまりで彼に謝罪し、タクシーで走り去った。オフィスに戻ったマルコフは友人のリルコフに大腿後部が非常に痛いといい、そこにできたにきびのような赤い斑点をみせた。それから四日後の九月一一日にマルコフは死亡した。マルコフの症状の経過については本文中に述べた通りである。

マルコフの急死に不審を抱いたロンドン警視庁は、法医学研究所に頼みこみ早速屍体を司法解剖した。右の大腿部には二ミリ大の傷口があり、そこには直径約一・五ミリの小さな金属球が埋まっていた。この金属球はすぐさまイギリスとアメリカの生物化学兵器の専門家によって分析された。金属球は、プラチナ九〇%とイリジウム一〇%の合金であり、十字型に交差した二つの穴があいていたが、その中にはなにも残っていなかった。その時点では、マルコフの死因は突き止められないかにみえた。

このマルコフ暗殺事件の二週間前に、同じくブルガリアの亡命者コストノが、パリの凱旋門の下の地下鉄の構内で突然背中に痛みを感じ、空気銃の発射音のような音を聞いた。五時間後に高熱が出たため市内のある病院を受診した。背中のレントゲン写真で金属球が見つかった。彼の金属球はすぐに手術で取り除かれた。それで彼は助かった。この金属球は、直径一・五二ミリの精密時計用のボールベアリングであった。これはマルコフの体内から見つかったものとまったく同じものであることがわかった。このコストフから出てきた金属球の小さな穴の中には、まだ十分に溶けだしていない粉末状の物質が残っていた。その物質をイギリスのポートンダウン研究所で分析したところ、毒物としてリシンが入っていたことが明らかにされた。こうしてマルコフは金属球の中に内蔵された毒物リシンによって暗殺されたものと考えられた。このリシンをブタに注射したところ、マルコフとまったく同じように発熱などの症状が出現し、病理学的にも類似の所見がみられた。

この二つの事件は、こうもり傘殺人事件として、冷戦時代にはきわめて有名であった。もしも、ロンドンで襲われたマルコフのからだから金属球が見つからなかったら、死因は闇の中に埋もれてしまったままであろうし、パリで襲われたコストフも、背中に金属球が残ったままであったら、原因不明の死を遂げたに違いない。イギリスとフランスの生物化学兵器の専門家や法医学者の密接な連携が、原因究明に大きく貢献したといえる。

一九九一年になってカルーギンは、マルコフの暗殺にはソ連のKGBがかかわっていたことを初めて明らかにした。カルーギンによると、ブルガリアの新政府は、マルコフ暗殺の犯人についてなんら公表するつもりはないという。

第六章　化学・生物テロ防御対策

現在、化学・生物兵器について各国政府が危惧しているのは、それらの兵器の戦争での使用ではなく、テロリストによる使用である。テロリストたちは国際的な条約を考慮などしない。実際、一九九四年の松本サリン事件、そして一九九五年の東京地下鉄サリン事件で、この危惧は現実のものとなった。化学兵器は戦争で使われるのみならず、テロ行為の手段として市民の生活の場で使われることが実証されたのである。これは身近な脅威であり、われわれはこのようなテロがいつ起きてもそれに対処できるようにしなければならなくなった。地下鉄サリン事件は日本国内だけでなく、世界中を震撼させる大事件であった。

日本のテロ対策

日本政府は、地下鉄サリン事件の二日後の一九九五年三月二二日、サリンなどの化学兵器を使ったテロの再発を防ぐために、新しい法律を緊急につくる考えを表明し、急遽それまでは放置されていた化学兵器の製造を本格的に厳しく規制する法律がつくられることになった。「化学兵器の禁止及び特定物質の規制等に関する法律」（通称、化学兵器禁止法）が三月三〇日に衆議院本会議で全会一致で可決・成立し、四月二八日に参議院本会議で承認され、五月五日に施行された。ついで「サリン等による人身被害の防止に関する法律」（通称、サリン特別法）が四月一九日の参院本会議で成立し、四月二一日、公布・施行された。政府提出法案がわずか一日の審議で成立したことはきわめて異例であり、政府も与野党も、一連のサリン事件をいかに深刻に受け止めていたかがよくうかがえる。とにかくわが国でテロ対策を強化するという点で大きな進展がみられた。

化学兵器禁止法は、わが国が化学兵器の開発、生産、貯蔵および使用の禁止ならびに廃棄に関する条約（化学兵器禁止条約）およびテロリストによる爆弾使用の防止に関する国際条約の適確な実施を確保するため、化学兵器の製造、所持、譲り渡しおよび譲り受けを禁止するとともに、特定物質の製造、使用等を規制する等の措置を講ずることを目的とした画期的な法律である。これに対してサリン特別法は、サリン等の製造、所持等を禁止するとともに、これを発散させる行為についての罰則およびその発散による被害が発生した場合の措置等を定め、もってサリン等による人の生命および身体の被害の防止ならびに公共の安全の確保を図ることを目的としたものである。この特別法では、対象となる物質をサリン以上またはサリンに準ずる強い毒性を有する化学物質と限定している。現在のところサリン以外では、タブン、ソマン、VXとマスタードガスがこの規制の対象となる。

また、厚生省は一九九五年一二月一日から、サリンの原料となるメチルホスホン酸ジクロリドを毒物に、メチルホスホン酸ジメチルを劇物に指定し、毒物及び劇物取締法により製造、

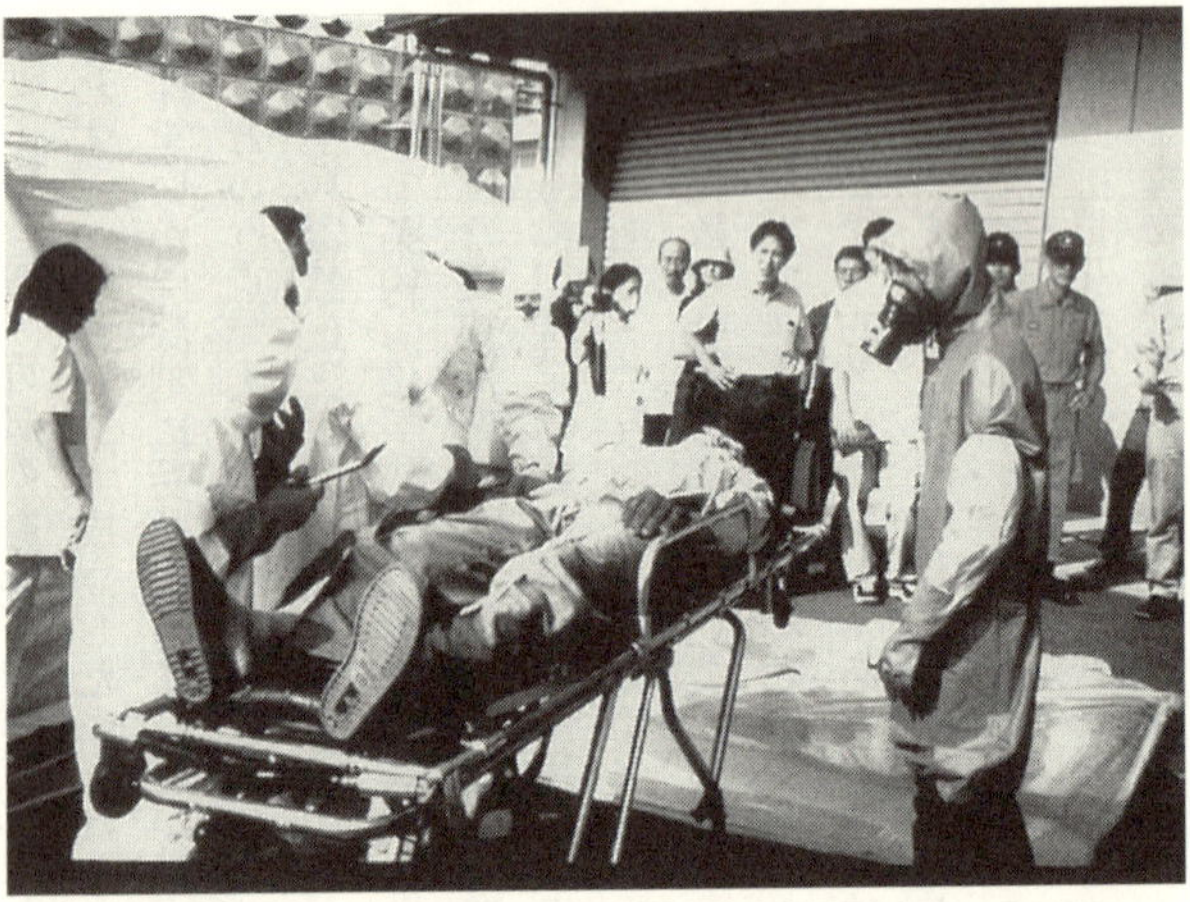

図18　2000年7月の沖縄サミットの直前に行なわれた化学・生物テロ対策のシミュレーション．搬送されてきた患者に，除染に続いて治療が開始されるところ（九州大学医学部附属病院にて）

売買などを規制することになった。

わが国では、一九九〇年から東京消防庁に化学災害の専門部隊として、化学機動中隊を配備しており、化学災害に対処する体制の強化を図ってきた。この部隊には、特殊化学車にガス分析装置などを配置している。地下鉄サリン事件では、この部隊が大いに活躍した。

最近の日本における化学・生物兵器テロ対策について、現在内閣官房NBC（核・生物・化学）テロ対策会議の重大ケミカルハザード専門家委員会委員である奥村徹医師は、わが国の現状を次のように述べている。

「日本において大きくかたちをとって化学・生物テロ対策がとられ始めたのは、一九九八年、ヒ素、アジ化ナトリウムなど一連の毒物混入事件が相次いで起きたことが大きく影響した。これらの事件では、毒劇物の分析が問題となったため、厚生労働省では、日本全国の救急救命センター七三ヵ所に分析機器を配備した。また、これにあわせ毒劇物対策セミナーが、厚生労働省から財団法人日本中毒情報センターに委託されるかたちで始まっている。二〇〇〇年の九州沖縄サミットでは、化学・生物兵器テロ対策が本格的にとられ（図18）、このとき除染設備や個人防護設備が配備された。このときの対応がひな形となって、全国一三〇の病院に除染設備や個人防護装備が配備された。政府レベルでは、内閣官房NBCテロ対策が行なわれるようになり、二〇〇一年一一月には、NBCテロ対処現地関係機関連携モデルが、内閣官房NBCテロ対策会議幹事会名で発表された。警察、消防関係では、専門チームの結成や装備の充実が進んでいる。また、二〇〇二年のサッカーW杯では、各地域ごとにNBCテロ対策がとられた。このように、少しずつではあるが、着実にNBC対策がとられつつあるが、数百名単位の集団の除染を行なう体制も今後の課題である。また、初動対応要員の防護衣は充足しつつあるが、被災者の避難用の簡易呼吸防護具はほとんど整備されていない。新型肺炎SARSのような大規模感染症対策もこれからである。今後の日本の課題は多い」

アメリカのテロ対策

日本で発生したこの一連のテロ事件は、とくにアメリカに大きな衝撃を与えた。アメリカは専門家による調査団をつぎつぎと日本に送り込んで実態調査を行なった。彼らの主な関心は、「ごく少数のテロ集団でも、本気で化学兵器をつくろうとすると、困難をきわめるとされた神経剤サリンの大量生産、さらにはVXまでもが独自の技術でもってつくれることが実証された」ことにある。

この事件をきっかけに、アメリカでは化学・生物テロ対策を積極的に進めることになり、二つの方面から化学・生物兵器を使ったテロに対抗しようとしている。

一つは、積極的防御対策である。これはテロが起こる前にいろいろな方策を講じて、テロ行為を未然に防ごうというものである。各国でもいろいろな法律を作成して、化学・生物兵器をテロリストに利用させないようにするために、その製造、所持、使用を禁止しているが、アメリカの対策はより積極的である。杜教授は、次のように指摘する。

●法規で化学・生物兵器の所有・製造の禁止を明記する。
●すぐに化学兵器や生物兵器になるような前駆物質の所有、売買を禁止する。
●化学兵器、生物兵器のすべての前駆物質の売買を登録制とする。これらはアメリカ国内や民間での製造禁止を目的とした措置であるが、世界中のどの国でも化学兵器や生物兵器をつくる可能性があり、それが現実のものとなっている。そこで一九八五年から毎年、欧米の先進国と日本がオーストラリアに集まって協議し（オーストラリア・グループという）、化学兵器や生物兵器になりうる化学物質を他の国に輸出することを禁止している。

もう一つは、事件発生後の処置である。アメリカでは実際に事件が発生してしまった場合の対応としては、次のような対策が考えられている。

●まず、その事件ではどういう物質が使われたかを検出しなければならない。アメリカの場合、とくにどういう種類の化学物質をどこで検出・分析するかがすでに決められている。

●中毒患者や負傷者の運搬・治療は、テロ後、迅速に行なわれなければならない。アメリカには各地にポイゾン・コントロール・センターがあり、患者輸送のための救急車、ヘリコプター、小型飛行機が常に待機している。これによって各地のポイゾン・コントロール・センターを効率よく利用できるようになっている。

●アメリカ軍兵士が国外でテロにあった場合、負傷者を速やかに搬送し、適切な治療を受けさせるため、空軍によって綿密なプランが練られている。負傷者はその症状と重傷度によって、アラブ各国、ドイツ、イギリス、アメリカ（ワシントンDCのウォルター・リード陸軍病院など）に運ばれるようになっている。

●テログループによる化学・生物兵器事件に対応する特殊部隊がアメリカ海兵隊によって組織された。この部隊の創設者は、のちに海兵隊司令官となるクルラーク将軍であり、部隊名は化学・生物テロ対応部隊CBIRF（Chemical/Biological Incident Responce Force）である。これは、ノースカロライナ州のキャンプ・レジューンに設立された。構成は、二七五名の海兵隊員からなる。この特殊部隊はFOXと呼ばれる核・生物・化学戦用の特殊車両を有し、ガスクロマトグラフィー質量分析計を搭載して空気や土などのサンプルから約二五種の化学兵器と生物兵器を識別できる。化学兵器であれば三〇分以内に、また生物兵器であれば一五分で検出できるといわれている。CBIRFは、国外のアメリカ海軍施設と国防総省の出先機関、つまり大使館や領事館における任務が主であるが、テロ事件が国内で起こった場合は、自動的に米国連邦捜査局（FBI）の指揮下に入ることになっている。アメリカではテロ行為抑制のために莫大な予算を計上している。一九九六～九七年の予算をみてみると、人員の確保に三五〇〇万ドル、検出用に二九〇〇万ドル、救急隊員の養成に一五〇〇万ドルが使われた。

イスラエルでの救助シミュレーション

イスラエルは、一九四八年の建国以来、エジプト、シリアやイラクなどの周辺諸国との間で戦闘状態や軍事的緊張状態に見舞われてきた。現在でもパレスチナ独立をめぐって、パレスチナ人による自爆テロが毎月のように発生している。これらのテロのほとんどが爆発物によるものである。湾岸戦争（一九九一）のときには、イラクからミサイル攻撃を受けた。当時は、弾頭に化学生物兵器が積み込まれているかわからないという恐怖にさらされ続けてきた。幸いにして、これらのミサイルの弾頭には化学兵器も生物兵器も搭載されていなかった。

地下鉄サリン事件起きた年（一九九五）の五月に第九回国際災害救急医学会議が首都エルサレムで開催された。その折、前出の奥村医師が招聘され、地下鉄サリン事件についての講演をした。その際にイスラエルの病院で化学テロ対策の現状の一端を見聞されたので、ここに紹介させていただく。

「イスラエルは、湾岸戦争当時、個人の防御対策として国民のすべてに防毒マスクを配布した。これは元々は軍隊用のものであったが、湾岸戦争中に、小児を含む一三名が誤った操作で命を落とした。そのためより安全な防毒マスクが広く配布されるようになり、今回のイラク戦争の際には、改良型のものが一般的に使用されていたようである。

一九九五年当時から、イスラエルでは大規模な化学テロの発生を予想して、集団防御対策が重視されている。化学兵器に暴露された場合は、まず医療機関へ送り込む前に除染が重要であるが、大きな医療機関には大がかりな屋外シャワーによる除染設備が完備していた。シ

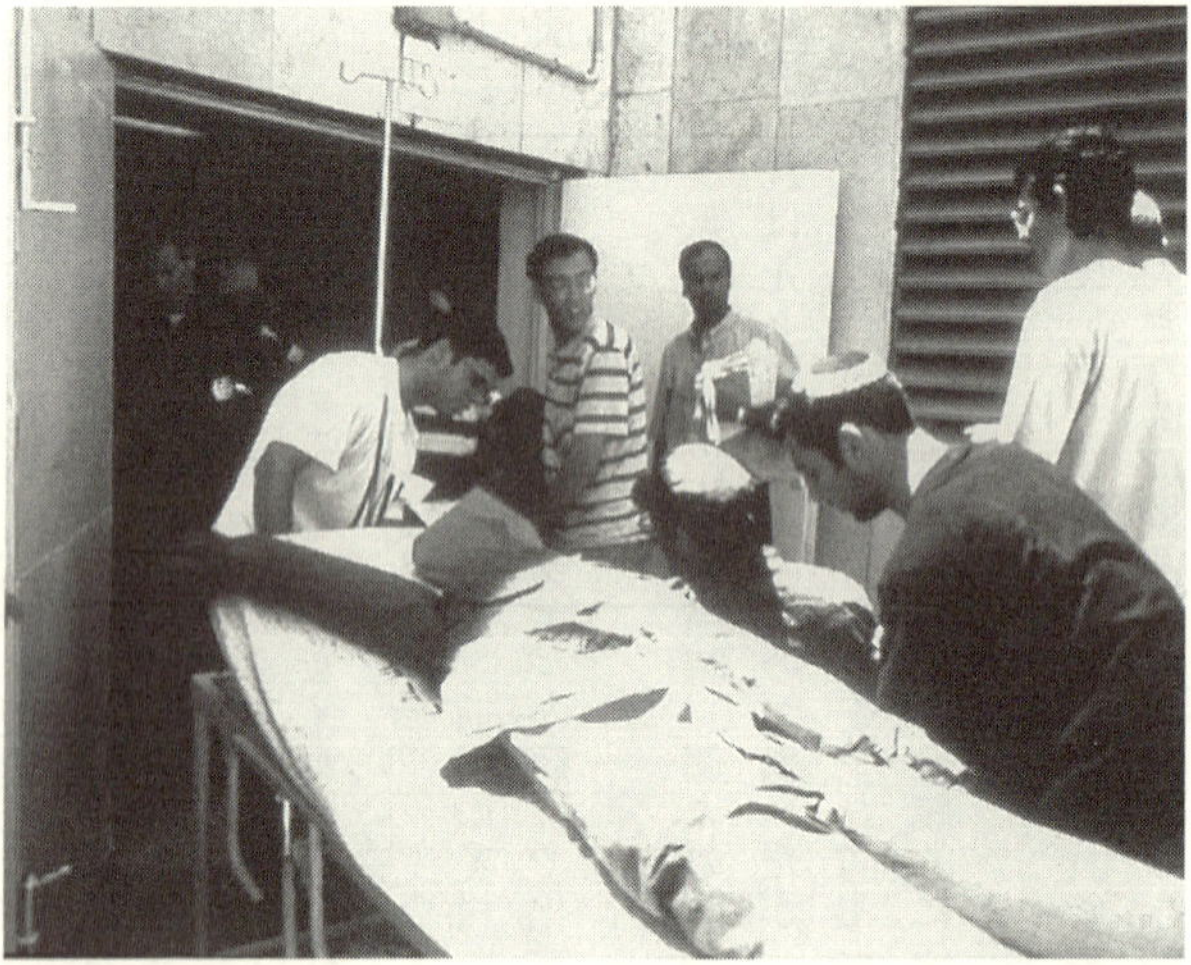

図19　イスラエルでの救助シミュレーション．病院に搬送された患者は除染を終えて入院する前，重症度のチェックがなされる（奥村徹氏のご好意による）

ャワーといってもただの水で、廃液はそのまま下水路に流すようになっていた。待機していた救急医たちは迅速に重傷度分類を行ない、病院の司令室から専門家の指示を受けながら早急に治療を開始する仕組みとなっていた（図19）。イスラエルでのユニークなシステムとしては、治療に当たる際にどの薬をどのくらい使用したかを迅速にわかりやすくするために、カルテに治療内容を筆記するのではなく、プラスチックタッグに指で穴を開けていくトリアージタッグのシステムがあった。たとえば、アトロピンを注射するたびにアトロピン用のタッグにビンゴみたいに穴を開けていく仕組みである。除染システムにしても、化学兵器テロ専用のトリアージタッグにしても、いかに実際的に化学対策を運用するかを切実に考えている国ならではのものである。世界は、このイスラエルの体制に学ぶ必要があろう」

これであれば、たくさんの患者がおし寄せても十分対処できるということである。イスラエルという国柄の対処法として注目すべきである。イスラエルはテロ対策の最先進国といえよう。

パリ地下鉄での防御訓練

地下鉄サリン事件が発生して約八年後の二〇〇三年一〇月二三日、フランス政府は、パリの中心部にあるアンバリッドの地下鉄駅で、サリンテロを想定した初めての防御訓練を行なった。これには警察、救急隊などさまざまな組織が一体となって、東京の地下鉄サリン事件を参考として実施されたということである。今後はさらに規模を拡大して、数多くの犠牲者が出たことを想定して実施されると報道された。日本での数多くの教訓が大いに生かされたものと思われる。

化学兵器に対するテロ対策は、化学兵器禁止条約やオーストラリア・グループの取り決めにより、化学兵器の拡散防止などの国際的規制を強化する努力が続けられている。

化学兵器は核兵器よりもずっとコストが少なくつくれるとはいえ、それを生産する場合、多くは原料の購入に強い規制がかかっているので、そうたやすくはつくれなくなってきている。今後は、国家単位で十分な経済的バックアップがない限り、化学兵器に手を染めることは少なくなるものと想定される。

一方、生物兵器についても同様に国際的にさまざまな規制が組み込まれてきており、テロ対策についても真剣に検討されてきている。

あとがき

私が九州大学を卒業したのは一九六四年のことである。この年に、九州大学医学部に日本最初の神経内科が誕生した。神経内科に入局後、一九六三年の三井三池坑の大爆発と一九六五年の福岡山野坑爆発の二つの事故によるたくさんの一酸化炭素中毒患者さんの治療にあたった。そうしているうちに、神経内科の外来に、下肢のしびれを訴える患者さんがつぎつぎとこられ始めた。いわゆるスモンである。スモンの原因を疫学的に追究しつづけ、その原因はキノホルム中毒であることを私たちもつきとめた。その後、水俣病や慢性ヒ素中毒の多くの患者さんも診察させていただいた。こうして、産業職場で取り扱われる金属、有機溶剤、ガスによる中毒も数多く経験し、いつの間にか産業中毒学に大いに興味を抱くようになった。

産業中毒学に関する古い文献をたどっていくと、産業職場で取り扱われてきた化学物質の多くが、すでに第一次世界大戦の際にさまざまなかたちで、化学兵器として戦場に投入されていることを知った。そして、ドイツ、イギリス、フランス、さらにはアメリカの化学戦の担当者たちは、化学物質の毒性に関して産業中毒学の文献に記載された資料を大いに頼りにしていたこともわかった。

このようにして、いつの間にか化学兵器に興味を抱くようになった。十数年以上も前から化学兵器に関する資料を集めていたが、適当な、新しいものはなかなか見つからなかった。ようやくイギリス軍の化学兵器治療マニュアルを入手し、読み始めているうちに、神経剤の存在など私にはまったく未知の領域があることを知って驚いた。早速、この治療マニュアルの翻訳に取りかかったときに、松本サリン事件が発生した。これをきっかけとして、オウム真理教の一連の事件にかかわるようになった。そして、さまざまな中毒事件の裁判で、臨床神経内科医として鑑定を依頼され、数々の法廷で私に与えられた任務を完全に遂行しえたし、鑑別診断のできる鑑定医としてある程度評価をうけた。

地下鉄サリン事件後、わが国における化学兵器に対する緊急な対処の必要性を痛感したので、一九九七年一月二四日、九州大学医学部で、ワークショップ「化学兵器防御対策」を開催した。アメリカからは、生物化学兵器研究の第一人者である杜祖健教授がかけつけてくださったし、国内では、地下鉄サリン事件の際、聖路加国際病院で実際に数多くの患者さんの治療にあたってこられた奥村徹先生にもおいでいただき、大変貴重な話をうかがうことができた。

その後、杜先生には何度かお会いできる機会があったが、それぞれ基礎と臨床の立場から、化学・生物兵器についての本格的な資料をまとめておくべきであるということで意見の一致をみた。こうして二〇〇一年に、日米合作の『化学・生物兵器概論』が生まれた。杜先生は、お会いするたびに二一世紀には生物兵器、とくに炭疽菌兵器がかならずや大きな問題となるであろうと繰り返し強調しておられた。先生はまた私に、「臨床医として、化学兵器だけではなく生物兵器についてもしっかり勉強しておきなさい」とご助言くださった。そのような理由で、化学・生物兵器に関する資料を集めているおりに、当時中央公論社の石川昂さんから *The Poisonous Cloud* という本を紹介いただいた。この本は、第一次世界大戦において毒ガス戦を立案・指揮したドイツの化学者フリッツ・ハーバーの役割などについてハーバーのご子息であるルッツ・F・ハーバーにより当時の実情を詳しく分析し、紹介された貴重な歴史書である。この本の翻訳を始めてみたが、内容が軍事・政治・医学・化学・文学と多岐にわたっており本当に苦労した。

あるとき、東京の書店で眼にとまった歴史書の中に、この本の翻訳に熱意をもって取り組んでおられるかたが他にもおられることを知った。当時千葉経済大学の教授をしておられた佐藤正弥先生である。早速、厚かましくも佐藤先生に電話をかけ、おそるおそるどこまで翻訳が進んでおられるかうかがった。そして佐藤先生に直接お会いし、本当に驚いた。先生は、この本の著者の知己であり、何度もこの本の翻訳ため、著者に手紙を書き、連絡を取っておられ、ヨーロッパの古戦場を実際に訪問しておられた。先生の熱意に少しでもお役に立てればと思い、協力を申し出た。快くご承諾くださり、二人で苦労をともにしながら、ようやく訳書『魔性の煙霧』の出版にこぎつけた。第一次世界大戦の毒ガス攻防戦についてこれほど詳しくまとめられた軍事史書は他にはないと自負している。この書物との出会いを通して、佐藤正弥先生から多くのことを教えていただいた。私は、神経内科医としていつの間にか中毒学を専攻することになったが、多くの優れた学者とめぐり会えたことを誇りに思っている。産業医科大学学長の土屋健三郎先生、台湾大学公共衛生学教授の柯源卿先生、モントリオール大学神経薬理学教授のアンドレ・バルボウ先生、九州大学神経内科初代教授である黒岩義五郎先生は、いずれも他界されたが、改めてここに深く謝意を表したい。

本書は、中公新書から一九六六年に出版された和気朗著の『生物化学兵器』の新しい改訂版として出版するのが目的であった。今回は、その後に発生した新たな知見を加え、医学的側面を中心にまとめてみた。現在は、化学・生物兵器については膨大な資料があり、それをうまくコンパクトに紹介するのには、難渋した。本書の執筆にあたって、いろいろこまごまとご指導と助言を賜ったコロラド州立大学名誉教授の杜祖健先生、また救急医学の見地からいろいろとご教示くださった奥村徹先生には心からの謝意を捧げたい。このお二人の尽力なくしては本書は完成しなかったと思う。本書の執筆にあたり、実に多くの方々にお世話になった。とりわけ中央公論新社の石川昂さんには本書執筆の機会を与えてくださり、長年にわたり暖かい、本当に心温まるご支援をいただいた。言葉で尽くせないほど感謝の気持ちでいっぱいである。

平成一五年一一月

井上尚英

deson, D. A., Bartlett, J. G., Ascher, M. S., Eitzen, E., Fine, D. A., Hauer, J., Layton, M., Lillibridge, S., Osterholm, M. T., O'Toole, T., Parker, G., Perl, T. M., Russell, P. K., Swerdlow, D., Tonat, K : Botulinum toxin as a biological weapon, Medical and public health management, *JAMA*, 285 : 1059-1070, 2001

22) マーク・ロイド（大出健訳）『ギネス　スパイブック』大日本絵画，1995

23) 天児和暢『写真で語る細菌学』九州大学出版会，1998

24) 小林直樹『見えない脅威　生物兵器』アリアドネ企画，2001

25) ジョージ・フェザリング（沢田博訳）『世界暗殺者事典』原書房，2003

deadly outbreak, *The New England Journal of Medicine*, 343 : 1198, 2000

15) Grinberg, L. M., Abramova, F. A., Yampolskaya, O. V., Walker, H., Smith, J. H. : Quantitative pathology of inhalational anthrax 1 : Quantitative microscopic findings, *Modern Pathology*, 14 : 482-495, 2001

16) Borio, L., Frank, D., Mani, V., Chiriboga, C., Pollanen, M., Ripple, M., Ali, S., DiAngelo, C., Lee, J., Arden, J., Titus, J., Fowler, D., O'Toole, T., Masur, H., Bartlett, J., Inglesby, T. : Death due to bioterrorism-related inhalational anthrax, *JAMA*, 286 : 2554-2559, 2001

17) CDC : Update : Investigation of anthrax associated with international exposure and interim public health guidelines, October 2001, *Morbidity and Mortality Weekly Report*, 50 : 889-897, 2001

18) CDC : Update : Investigation of anthrax associated with international exposure and interim public health guidelines, October 2001, *Morbidity and Mortality Weekly Report*, 50 : 909-919, 2001

19) Berche, P. : The threat of smallpox and bioterrorism, Trends in Microbiology, 9 : 15-18, 2001

20) Dennis, D. T., Inglesby, T. V., Henderson, D. A., Bartlett, J. G., Ascher, M. S., Eitzen, E., Fine, A. D., Friedlander, A. M., Hauer, J., Layton, M., Lillibridge, S. R., McDade, J. E., Osterholm, M. T., O'Toole, T., Parker, G., Perl, T. M., Russell, P. K.,Tonat, K. : Tularemia as a biological weapon, Medical and public health management, *JAMA*, 285 : 2763-2773, 2001

21) Arnon, S. S., Schechter, R., Inglesby, T. V., Hen-

muir, A., Popova, I., Shelokov, A., Yampolskaya, O. : The Sverdlovsk anthrax outbreak of 1979, *Science*, 266 : 1202-1208, 1994
9) McGovern, T. W., Christopher, G. W., Eitzen, E. : Cutanous manifestations of biological warfare and related threat agents, *Archives of Dermatology*, 135 : 311-322, 1999
10) Inglesby, T. V., Henderson, D. A., Bartlett, J. G., Ascher, M. S., Eitzen, E., Friedlander, A. M., Hauer, J., McDade, J., Osterholm, M. T., O'Toole, T., Paker, G., Perl, T. M., Russell, P. K., Tonat, K. : Anthrax as a biological weapon, Medical and public health management, *JAMA,* 281 : 1735-1744, 1999
11) Henderson, D. A., Inglesby, T. V., Bartlett, J. G., Ascher, M. S., Eitzen, E., Jahrling, P. B., Hauer, J., Layton, M., McDade, J., Osterholm, M. T., O'Tool, T., Parker, G., Perl, T., Russell, P. K., Tonat, K. : Smallpox as a biological weapon, Medical and public health management, *JAMA,* 281 : 2127-2137, 1999
12) Dixon, T. C., Meselson, M., Guillemin, J., Hanna, P. C. : Anthrax, *The New England Journal of Medicine*, 341 : 815-826, 1999
13) Inglesby, T. V., Dennis, D. T., Henderson, D. A., Bartlett, J. G., Ascher, M. S., Eitzen, E., Fine, A. D., Friedlander, A. M., Hauer, J., Koerner, J. F., Layton, M., McDade, J., Osterholm, M. T., O'Toole, T., Parker, G., Perl, T. M., Russell, P. K., Schoch-Spana, M., Tonat, K. : Plague as a biological weapon, Medical and public health management, *JAMA*, 283 : 2281-2290, 2000
14) Guillemin, J. : Anthrax : The investigation of a

里扶甬子訳）『七三一部隊の生物兵器とアメリカ——バイオテロの系譜』かもがわ出版，2003

第五章

1） Schamberg, J. F., Kolmer, J. A., : *Acute Infectious Disease*, Lea & Febiger, 1928

2） Foshay, L. : Tularemia : A summary of certain aspects of the disease including methods for early diagnosis and the results of serum treatment in 600 patients, *Medicine*, 19 : 1–83, 1940

3） Wehrle, P. F., Posch, J., Richter, K. H., Henderson, D. A. : An airborn outbreak of smallpox in a German hospital and its significance with respect to other recent outbreaks in Europe, *Bulletin of World Health Organization*, 43 : 669–679, 1970

4） Derrick, E. H. : The course of infection with Coxiella burneti, *The Medical Journal of Australia*, 1 : 1051–1057, 1973

5） Crompton, R., Gall, D. : Georgi Markov-Death in a pellet, *Medico-Legal Journal*, 43 : 51–62, 1980

6） Watson, S. A., Mirocha, C. J., Hayes, A. W. : Analysis for trichothecenes in samples from southeast asia associated with "yellow rain". *Fundamental and applied Toxicology*, 4 : 700–717, 1984

7） Abramova, F. A., Grinberg, L. M., Yampolskaya, O. V., Walker, D. H. : Pathology of inhalational anthrax in 42 cases from Sverdlovsk outbreak of 1979, *Proceeding of Natural Academy of Science, USA*, 90 : 2291–2294, 1993

8） Meselson, M., Guillemin, J., Hugh-Jones, M., Lang-

tive. *JAMA*, 278 : 412-417, 1977
2） Stockholm International Peace Research Institute : *Biological and Toxin Weapons : Research, Development and Use from the Middle Ages to 1945,* Oxford University Press, 1999
3） Yonah Alexander, Milton Hoenig : *Super Terrorism, Biological, Chemical and Nuclear,* Transnational Publishers, 2001
4） Brian Baimer : *Britain and Biological Warfare, Expert Advice and Science Policy, 1930-1965,* Palgrave, 2001
5） Leon A. Fox「細菌戦について」『軍医団雑誌』263：981-989，1935
6）「文献抄録：細菌戦」『軍医団雑誌』523-529，1935
7） 常石敬一『七三一部隊——生物兵器犯罪の真実』講談社現代新書，1995
8） 松村高夫編『論争731部隊』晩声社，1997
9） ケン・アリベック（山本光伸訳）『バイオハザード』二見書房，1999
10） シェルダン・H・ハリス（近藤昭二訳）『死の工場——隠蔽された731部隊』柏書房，1999
11） トム・マンゴールド，ジェフ・ゴールドバーグ（上野元美訳）『細菌戦争の世紀』原書房，2000
12） エド・レジス（柴田京子訳，山内一也監修）『悪魔の生物学』河出書房新社，2001
13） Anthony T. Tu（杜祖健）『生物兵器——テロとその対処法』じほう，2002
14） 岩本愛吉「バイオテロリズム—臨床上必須の感染症学的考察」『日本内科学会雑誌』92：127-132，2003
15） ピーター・ウィリアムズ，デヴィド・ウォーレス（西

17） キティ・ハート（吉村英朗訳）『アウシュヴィッツの少女』時事通信社，1987
18） マルセル・ジュノー（丸山幹正訳）『ドクター・ジュノーの戦い――エチオピアの毒ガスからヒロシマの原爆まで』勁草書房，1991
19） 井上尚英，槇田裕之「サリンによる中毒の臨床」『臨床と研究』71：144-148，1994
20） 柳沢信夫編『松本市有毒ガス中毒調査報告書』松本市地域包括医療協議会，1995
21） 井上尚英「サリン暴露による自覚症状」『神経内科』43：388-389，1995
22） 井上尚英「サリン中毒の治療マニュアル」『綜合臨床』45：191-192，1996
23） 井上尚英，槇田裕之「イペリットによる中毒の臨床」『臨床と研究』73：155-160，1996
24） 前川和彦「東京地下鉄“サリン”事件の急性期医療情報」『医学のあゆみ』177：731-735，1996
25） 井上尚英，槇田裕之「VXによる中毒の臨床」『臨床と研究』74：138-140，1997
26） 奥村徹『緊急招集――地下鉄サリン，救急医はみた』河出書房新社，1999
27） アンジェロ・デル・ボカ編（高橋武智監修，聴波洋子，芝貴子，関口英子，船冨みつよ訳）『ムッソリーニの毒ガス』大月書店，2000
28） 石切山英彰『日本軍毒ガス作戦の村――中国河北省・北担村で起こったこと』高文研，2003

第四章

1） Christopher, G. W., Cieslak, T. J., Pavlin, J. A., Eitzen, E. D.: Biological warfare, A historical perspec-

Mituhashi, A., Kumada, K., Tanaka, K., Hinohara, S. : Report on 640 victims of the Tokyo subway sarin attack, *Annals of Emergency Medicine*, 28 : 129-135, 1996
9） Nagao, M., Takatori, T., Matuda, Y., Nakajima, M., Iwase, H., Iwadate, K. : Definitive evidence for the acute sarin poisoning diagnosis in the Tokyo subway, *Toxicology and applied Pharmacology*, 144 : 198-203, 1997
10） Nakajima, T., Ohta, S., Morita, H., Midorikawa, Y., Mimura, S., Yanagisawa, N. : Epidemiological study of sarin poisoning in Matumoto city, Japan, *Journal of Epidemiology*, 8 : 33-41, 1998
11） Yokoyama, K., Araki, S., Murata, K., Nishitani, M., Okumura, T., Ishimatu, S., Takasu, N., White, R. F. : Chronic neurobehavioral effects of Tokyo subway sarin poisoning in relation to posttraumatic stress disorder, *Archives of Environmental Health*, 53 : 249-256, 1998
12） Tsuchihashi, H., Katagi, M., Nishikawa, M., Tatsuno, M. : Identification of metabolites of nerve agent VX in serum collected from a victim, *Journal of Analytical Toxicology*, 22 : 383-388, 1998
13） Olson, K. B. : Aum shinrikyou : Once and future threat, *Emerging Infectious Disease*, 5 : 513-516, 1999
14） Morimoto, F., Shimazu, T., Yoshioka, T. : Intoxication of VX in humans, *American Journal of Emergency Medicine*, 17 : 493-494, 1999
15） Pamela Weintraub : *Bioterrorism, How to Survive the 25 Most Dangerous Biological Weapons*, Citadel Press, 2002
16） ルドルフ・ヘス（片岡啓治訳）『アウシュヴィッツ収容所』サイマル出版会，1972

2001
21） 栗屋憲太郎『中国山西省における日本軍の毒ガス戦』大月書店，2002

第三章

1） Balali, M. : Clinical and laboratory findings in Iranian fighters with chemical gas poisoning, *Archives Belges* 42（Supplement）: 254-259, 1984
2） Dunn, M. A., Sidell, F. R., : Progress in medical defense against nerve agents, *JAMA*, 262 : 649-652, 1989
3） Stewart, C. E., Sullivan, J. B. : Military munitions and antipersonnel agents, In *Hazardous Materials Toxicology, Crinical principles of environmental toxicology*, Ed. by John B. Sullivan, Gary R. Krieger, pp. 986-1026, Williams & Wilkins, 1992
4） Gunderson, C. H., Lehmann, C. R., Sidell, F. R., Jabbari, B. : Nerve agents : A review, *Neurology*, 42 : 946-950, 1992
5） Nozaki, H., Aikawa, N., Shinozawa, Y., Hori, S., Fujishima, S., Okuma, K., Sagoh, M. : Sarin poisoning in Tokyo subway, *The Lancet*, 345 : 980-981, 1995
6） Morita, H., Yanagisawa, N., Nakajima, T., Shimizu, M., Hirabayashi, H., Okudera, H., Nohara, N., Midorikawa, Y., Mimura, S. : Sarin poisoning in Matumoto, Japan, *The Lancet*, 346 : 290-293, 1995
7） Nozaki, H., Aikawa, N., Fujishima, S., Suzuki, M., Shinozawa, Y., Hori, S., Nogawa, S. : A case of VX poisoning and the difference from sarin, *The Lancet*, 346 : 698-699, 1995
8） Okumura, T., Takasu, N., Ishimatu, S., Miyanoki, S.,

5） 大坪軍医正「世界大戦における独軍の損害」『軍医団雑誌』272：85-90，1936
6） 福井信立「毒瓦斯に就て」『日本外科学会雑誌』40：1078-1098，1939
7） 竹村文祥『毒ガス医学』南江堂，1941
8） 湯浅達三「毒瓦斯中毒」『臨床医学』30：1321-1331，1942
9） 清水辰太『毒瓦斯と焼夷弾』非凡閣，1943
10） 重信卓三「毒ガス傷害に関する研究と現状，毒ガス島，大久野島毒ガス棄民の戦後」『樋口健二写真集』三一書房，1983
11） 山木戸道郎，西本幸男「毒ガス障害者の気道癌―その後―」『代謝』23：3-8，1986
12） J・M・ウィンター（猪口邦子監修，深田甫訳）『第一次世界大戦（下）――兵士と市民の戦争』（20世紀の歴史第14巻）平凡社，1990
13） 永瀬唯構成『市民よガスマスクを装着せよ』グリーンアロー出版社，1991
14） 歩平（山辺悠喜子，宮崎教四郎監訳）『日本の中国侵略と毒ガス兵器』明石書店，1995
15） 紀学仁主編（村田忠喜訳）『日本軍の化学戦』大月書店，1996
16） 石倉俊治『オウムの生物化学兵器』読売新聞社，1996
17） ジャン・ド・マレッシ（橋本到，片桐祐訳）『毒の歴史――人類の営みの裏の軌跡』新評論，1996
18） Tu, A. T.「化学兵器の毒作用と治療」『日本救急医学雑誌』8：91-102，1997
19） 小原博人，新井利男，山辺悠喜子，岡田久雄『日本軍の毒ガス戦――迫られる遺棄弾処理』日中出版，1997
20） 常石敬一『毒物の魔力――人間と毒と犯罪』講談社，

2） Edward M. Spiers : *Chemical and Biological Weapons, A Study of Proliferation,* Macmillian Press LTD, 1994

3） Zilinskas, R. A. : Iraq's biological weapons, *JAMA,* 278 : 418-424, 1997

4） Peter R. Lavoy, Scott D. Sagan, James J. Wirtz ed. : *Planning The Unthinkable, How New Powers Will Use Nuclear, Biological, and Chemical Weapons,* Cornell University Press, 2000

5） Joshua Lederberg : *Biological Weapons, Limiting Threat,* The MIT Press, 2001

6） Eric Croddy, Clarisa Perez-Armendariz, John Hart : *Chemical and Biological Warfare, A comprehensive survey for the concerned citizen,* Springer-Verlag, 2002

7） ウェンディ・バーナビー（楡井浩一訳）『世界生物兵器地図』日本放送出版協会，2002

8） ジェシカ・スターン（常石敬一訳）『核・細菌・毒物戦争——大量破壊兵器の恐怖』講談社，2002

第二章

1） Bradford, J. R., Elliot, T. R. : Cases of gas poisoning among the British troops in Flanders, *The British Journal of Surgery,* 3 : 234-246, 1915

2） Spaight, H. W. : Historical notes on poison-gas, *The Practitioner*, 103 : 433-435, 1919

3） Haller, J. S. : Gas warfare: Military-medical responsiveness of the allies in the great war, 1914-1918, *New York State Journal of Medicine*, 90 : 499-510, 1990

4） Waters, L. : Chemical weapons in the Iran/Iraq war, *Military Review*, 70 : 57-63, 1990

Weapons, Greenhaven Press, 2001
10） 和気朗『化学生物兵器』中公新書，1966
11） ウ・タント国際連合事務総長報告『化学・細菌（生物）兵器とその使用の影響』外務省国際連合局，1969
12） S. ローズ編（須之部淑男，赤木昭夫訳）『生物化学兵器』みすず書房，1970
13） シーグレイブ，S.（大谷内一夫，小松元龍共訳）『黄色い雨』原書房，1983
14） 宮田親平『毒ガスと化学者』光人社，1991
15） Robert Harris, Jeremy Paxman（大島紘二訳）『化学兵器――その恐怖と悲劇』近代文芸社，1996
16） Anthony T. Tu, 井上尚英『化学・生物兵器概論――基礎知識，生体作用，治療と政策』じほう，2001
17） ルッツ・F・ハーバー（佐藤正弥訳，井上尚英監修）『魔性の煙霧――第一次世界大戦の毒ガス攻防戦史』原書房，2001
18） 内藤裕史『中毒百科――事例，病態，治療』南江堂，2001
19） ジュディス・ミラー，スティーヴン・エンゲルバーグ，ウィリアム・ブロード（高橋則昭，高橋知子，宮下亜紀訳）『バイオテロ！――細菌兵器の恐怖が迫る』朝日新聞社，2002
20） リチャード・プレストン（真野明裕訳）『デーモンズ・アイ――冷凍庫に眠るスーパー生物兵器の恐怖』小学館，2003

第一章

1） Report of a WHO Group of Consultants : *Health Aspects of Chemical and Biological Weapons.* World Health Organization, 1970

参考・引用資料

全般的事項

1） Ministry of Defence : *Medical Manual of Defence against Chemical Agents*, HMSO, Publication Center, London, 1987

2） Satu M. Somani : *Chemical Warfare Agents*, Academic Press, 1992

3） Chemical Casualty Care Office : *Medical Management of Chemical Casualty Handbook*, U. S. Army Medical Research Institute of Chemical Defence, Aberdeen Proving Ground, Maryland, 1995

4） Timothy C. Marris, Robert L. Maynard, Frederick R. Sidell : *Chemical Warfare Agents, Toxicology and Treatment*, Wiley, 1997

5） Richard M. Price : *The Chemical Weapon Taboo*, Cornell University Press, 1997

6） Sidney D. Drell, Abraham D. Sofaer, George D. Wilson : *The New Terror, Facing the threat of biological and chemical weapons*, Hoover Institution Press, 1999

7） Sidell, F. R., Patrick, W. C., Dashiell, T. R. : *Jane's Chem-Bio Handbook*, Jane's Information Group, 2000

8） Jonathan B. Tucker : *Toxic Terror, Assessing Terrorist Use of Chemical and Biological Weapons*, The MIT Press, 2000

9） David M. Haugen : *Biological and Chemical*

井上尚英（いのうえ・なおひで）

1939年（昭和14年）福岡県直方に生まれる．
1964年，九州大学医学部卒業（医学博士）．
84年，産業医科大学環境中毒学教授，92年，
九州大学医学部衛生学教授．2003年3月，
同大学定年退官．現在，九州大学名誉教授．
専攻，環境中毒学，神経内科学．
著書『化学・生物兵器概論』（共著，株式会社じほう，2001年1月）
『事件からみた毒』（分担執筆，化学同人，2001年8月）
監修『中毒学概論』（杜祖健著，株式会社じほう，1987年7月）
『魔性の煙霧――第一次世界大戦の毒ガス攻防戦史』（L.F. ハーバー著，佐藤正弥訳，原書房，2001年10月）

生物兵器と化学兵器（せいぶつへいきとかがくへいき）
中公新書 1726

2003年12月10日印刷
2003年12月20日発行

著 者 井上尚英
発行者 中村 仁

本文印刷 三晃印刷
カバー印刷 大熊整美堂
製 本 小泉製本

発行所 中央公論新社
〒104-8320
東京都中央区京橋 2-8-7
電話 販売部 03-3563-1431
編集部 03-3563-3668
振替 00120-5-104508
URL http://www.chuko.co.jp/

Printed in Japan ISBN4-12-101726-9 C1247

中公新書刊行のことば

いまからちょうど五世紀まえ、グーテンベルクが近代印刷術を発明したとき、書物の大量生産は潜在的可能性を獲得し、いまからちょうど一世紀まえ、世界のおもな文明国で義務教育制度が採用されたとき、書物の大量需要の潜在性が形成された。この二つの潜在性がはげしく現実化したのが現代である。

いまや、書物によって視野を拡大し、変りゆく世界に豊かに対応しようとする強い要求を私たちは抑えることができない。この要求にこたえる義務を、今日の書物は背負っている。だが、その義務は、たんに専門的知識の通俗化をはかることによって果たされるものでもなく、通俗的好奇心にうったえて、いたずらに発行部数の巨大さを誇ることによって果たされるものでもない。現代を真摯に生きようとする読者に、真に知るに価いする知識だけを選びだして提供すること、これが中公新書の最大の目標である。

私たちは、知識として錯覚しているものによってしばしば動かされ、裏切られる。私たちは、作為によってあたえられた知識のうえに生きることがあまりに多く、ゆるぎない事実を通して思索することがあまりにすくない。中公新書が、その一貫した特色として自らに課すものは、この事実のみの持つ無条件の説得力を発揮させることである。現代にあらたな意味を投げかけるべく待機している過去の歴史的事実もまた、中公新書によって数多く発掘されるであろう。

中公新書は、現代を自らの眼で見つめようとする、逞しい知的な読者の活力となることを欲している。

一九六二年一一月

中公新書

現代史 II

ワイマル共和国　林　健太郎
ナチズム　村瀬興雄
アドルフ・ヒトラー　村瀬興雄
ゲッベルス　平井　正
ヒトラー・ユーゲント　平井　正
ナチ・エリート　山口　定
ユダヤ・エリート　鈴木輝二
チャーチル（増補版）　河合秀和
アラビアのロレンス を求めて　牟田口義郎
イスラム過激原理主義　藤原和彦
フランス現代史　渡邊啓貴
革命家　孫文　藤村久雄
中華民国　横山宏章
漢奸裁判　劉　傑
中国革命を駆け抜けた アウトローたち　福本勝清
中国革命の 夢が潰えたとき　諸星清佳
中国―歴史・社会・国際関係　中嶋嶺雄
中国現代史　小島朋之
インド現代史　賀来弓月
ベトナム戦争　松岡　完
ベトナム症候群　松岡　完
「南進」の系譜　矢野　暢
アメリカの20世紀（上下）　有賀夏紀
アメリカ海兵隊　野中郁次郎
米国初代国防長官フォレスタル　村田晃嗣
韓国の族閥・軍閥・財閥　池　東旭
韓国大統領列伝　池　東旭

自然科学 I

中公新書

自然科学 II

自然科学 III